核安全技术丛书

核电数字化仪控系统仿真验证技术

谢红云　段奇志　卢　超　等　**编著**

中国原子能出版社

图书在版编目(CIP)数据

核电数字化仪控系统仿真验证技术 / 谢红云等编著
. — 北京 : 中国原子能出版社, 2021.2
ISBN 978-7-5221-1255-8

Ⅰ. ①核… Ⅱ. ①谢… Ⅲ. ①核电厂-数字显示仪-控制系统-系统仿真 Ⅳ. ①TM623.4

中国版本图书馆 CIP 数据核字(2021)第038743号

内容简介

本书基于中广核工程有限公司核电仿真验证团队十余年的核电数字化仪控系统仿真验证技术研究与工程应用实践，详细介绍了我国二代、二代改进型和自主三代压水堆核电机组的数字化仪控系统设计、仿真平台建设与验证关键技术研究及工程应用，并对国家重点实验室核电大数据研究室近年开展的大数据同化、在线仿真推演等先进仿真验证技术研究工作进行了介绍。

本书可供从事核电厂数字化控制系统设计、系统仿真与验证等方面工作的工程技术人员和核电仿真验证新技术探索方面的科研设计人员阅读，也可作为高等院校相关专业本科生和研究生的参考用书。

核电数字化仪控系统仿真验证技术

出版发行 中国原子能出版社(北京市海淀区阜成路43号 100048)
责任编辑 付 凯 裘 勖
装帧设计 赵 杰
责任校对 冯莲凤
责任印制 潘玉玲
印　　刷 北京厚诚则铭印刷科技有限公司
经　　销 全国新华书店
开　　本 787 mm×1092 mm 1/16
印　　张 11
字　　数 275 千字
版　　次 2021 年 2 月第 1 版 2021 年 2 月第 1 次印刷
书　　号 ISBN 978-7-5221-1255-8 **定　　价** **48.00** 元

网址:http://www.aep.com.cn **E-mail:atomep123@126.com**
发行电话: 010-68452845

《核电数字化仪控系统仿真验证技术》

编　著　者

谢红云　段奇志　卢　超　张　超
王春冰　叶王平　范一鹏　毛万朝
平嘉临

丛书序言

原子的发现和核能的开发利用给人类社会发展带来新的动力，极大增强人类认识世界和改造世界的能力，与此同时，核能发展也伴随着核安全风险和挑战，人类要更好利用核能、实现更大发展，必须创新核技术、确保核安全。核安全是核能事业发展的生命线，是核能长期发展的重要保障。

党的十八大以来，中国的核安全事业进入安全高效发展的新时期。习近平主席提出理性、协调、并进的核安全观，强调发展和安全并重，倡导打造全球核安全命运共同体，为新时期中国核安全发展指明了方向，为推进核能开发利用国际合作、实现全球持久核安全提供了中国方案。

截至 2020 年 8 月底，我国运行核电机组达到 47 台，总装机容量为 4875 万千瓦，仅次于美国和法国，位于全球第三位。2020 年 9 月 2 日，李克强总理主持召开国务院常务会议，核准海南昌江核电二期工程和浙江三澳核电一期工程，由此，我国在建核电机组数量提升为 17 台，在建机组装机容量持续保持全球第一。

确保我国核能健康发展，创新核安全技术是必经之路。为了解决制约自主化发展的核心技术瓶颈问题，推动我国核能技术水平的持续提高和创新，促进向核能强国的跨越，核电安全监控技术与装备国家重点实验室围绕安全三要素——“物的不安全状态、人的不安全行为、环境影响”，通过开展核电安全状态及其量化评估研究、核电风险预警与事故防控研究、人因可靠性与人机交互研究、核电装备服役安全研究四个方向的研究，突破“瓶颈与关键技术，开展前瞻性、创新性研究，从基础研究、重大共性关键技术研究到示范应用全链条布局，取得了系列成果。

为总结五年建设期间的宝贵经验，提炼关键技术，传播科学文化，国家重点实验室组织出版“核安全技术”系列丛书。本丛书共计 12 册，涉及核电安全状态及其量化评估、核电风险预警与事故防控、人因可靠性与人机交互及核电装备服役安全研究四个方面，主要内容如下：

《核电数字化仪控系统仿真验证技术》：主要基于核电数字化仪控系统仿真验证团队仿真与验证技术研究与工程应用实践成果，详细介绍了我国二代、二代改进型和自主三代压水堆核电机组的数字化仪控系统设计、制造和调试阶段的验证测试平台、验证技术和工程实践，并对实验室近年在数据同化、在线仿真等核能领域先进的仿真验证技术进行了阐述。

《核电厂在线监测与诊断技术》：分别描述了核电厂疲劳监测、泄漏监测、松脱部件监测、转动机械监测以及地震自动停堆技术，旨在建立基于在线监测数据与智能诊断技术的核电厂重要设备的全生命周期动态管理体系，实现设备性能退化趋势和剩余寿命的精确预测，为前瞻性的设备老化管理、维护维修管理及 CBM/PHM 技术在核电领域的全面应用提供技术基础。

《滨海核电厂冷源保障技术研究与创新》：围绕核电厂取排水方案设计基础资料、设计原则、设计要点、研究专题、相关系统及子项，对各核电项目的冷源设计创新成果进行了分析和总结，形成了冷源设计的理论及实践成果。

《基于振动的核电厂设备状态监测与故障诊断应用》：基于设备振动信号的监测与设备运行状态评价，围绕振动测量、信号处理、故障表征及监测装置原理，介绍了核电厂设备故障诊断的一般方法和典型设备和构成部件的振动故障诊断原理以及案例，并进一步介绍了智能诊断的实现方法和案例，形成了核电厂构建设备振动状态监测与故障诊断应用实践方法。

《核电三维协同设计与管理平台研发及应用》：基于中广核三维协同设计与管理的良好实践，围绕解决华龙一号示范项目三维协同设计与管理面临的新挑战，从构建协同设计体系、提升平台应用性能、开创多专业三维数字化协同方式、研发成系列首创性设计工具等多个方面，全方位总结了三维协同设计与管理平台的研发与应用历程，形成了中广核三维协同设计与管理系统性解决方案。

《人因工程在核电厂工程设计中的应用》：基于核电厂主控室人因工程分析和人机接口设计工作经验，围绕人因工程基础知识、核电厂人因工程应用发展历史、人因工程分析、人机接口设计，以及人因工程验证和确认等设计创新成果进行分析和总结，形成了核电厂人因工程分析和设计的理论及实践成果。

《核电站人因失误防范理论、技术与应用》：基于核电站防人因失误工程实践经验与张力教授团队在核电站人因可靠性领域的基础理论研究成果，以核电站人因失误防范理论与技术体系的系统构建为目标，以核电站全寿命周期(核电站设计、施工、调试、运行与维修等)中的人因失误防范为切入点，系统地阐述我国核电站人因失误防范的基础理论、技术方法与工程应用等。

《核电厂数字化仪控系统》：基于核电先进测控技术及其可靠性设计的工作经验，围绕核电厂数字化控制系统的发展历程、数字化仪控系统设计要求、核电厂仪控平台选型，核电厂数字化仪控系统以及核电厂数字化改造技术进行分析和总结，形成了核电厂数字化仪控系统设计的理论和实践成果。

《核电厂无线通信系统技术研究与应用》：基于核电厂无线通信系统核电厂无线通

信系统理论研究与工程实践经验相结合，从核电厂用户需求、国家标准规范要求、无线通信技术、电磁兼容、网络信息安全等方面对核电厂无线通信技术进行研究，结合工程实践总结，形成了核电厂无线通信系统技术理论及实践成果。

《核电站设备特种修复技术》：基于核电站设备设计、研发及运维工程经验，围绕回火焊道技术、Overlay 堆焊技术、激光再制造技术、补板修复技术，以及端塞修复技术、封口焊缝损伤修复技术、安全壳钢衬里修复技术等创新成果进行分析和总结，形成了核电站设备特种修复的理论及实践成果。

《在役核电厂管道缺陷评价与处置》：基于核电厂管道缺陷力学分析评价和处置的工作经验，围绕断裂力学与疲劳分析基础知识、核电厂管道缺陷修复和破裂预防监测等设计创新成果进行分析和总结，形成了核电厂管道缺陷分析评价与处置方法总结及实践成果。

《核电厂安全相关混凝土结构研究》：通过开展了大量的调查和设计理论、可靠度、结构分析、截面设计、耐久性、超设计基准评估等各类专项研究，充分吸收国内外现行混凝土设计、施工及验收方面相关标准最新成果，系统总结了我国核电厂混凝土结构研究、设计、验收及检测工作中的工程实践经验。

本丛书是对国家重点实验室建设过程中所取得的部分研究成果的工作总结，是集体智慧结晶，希望本丛书的出版能增强广大公众对核科学技术、核安全的认识，薪火相传，促进我国核能、核科技事业的健康可持续发展。

丛书编委会

前言

随着计算机技术、控制理论和工艺技术的快速发展，从岭澳二期开始到自主三代华龙一号示范工程的开工建设，我国逐步实现了核电数字化仪控系统的自主设计、制造、调试与安装。目前，我国在运和在建的所有核电厂已全部采用数字化仪控系统，大幅度提高了核电厂运行控制的安全性和可靠性。但不同于传统核电厂模拟仪控系统，为保证数字化仪控系统设计、制造和调试阶段的质量可靠性，需要严格执行贯穿数字化仪控系统生命周期过程的验证与确认活动。核电厂数字化仪控系统的验证与确认需解决两个根本的问题：是否在按正确的方法制造产品以及是否是制造了正确的产品，即验证是按正确的方法设计制造数字化仪控系统，确认则是制造并安装调试出满足最终需求的数字化仪控系统。

在核电厂数字化仪控系统进行验证的过程中，采用专业化工具可提高验证效率和规范验证过程。核电厂数字化仪控系统的验证工具主要有静态分析工具、单元测试工具、自动化功能测试工具、自动化性能测试工具和形式化验证工具。针对不同的阶段，需要采用不同的验证方法和工具，在设计阶段，仿真平台软件可以将设计图纸实现电子化，利用仿真激励对核电厂仪控系统设计进行功能验证；在系统软件开发制造阶段，也可利用仿真激励的方式，对核电厂仪控系统软件进行验证，仿真激励的方式对软件进行黑盒和白盒测试，以检查软件内部是否存在缺陷；数字化仪控系统进入安装调试阶段，主要是通过测试和半实物仿真的方式，对系统的性能进行验证。

中广核工程有限公司从岭澳二期开始，在国内率先利用核电厂工程仿真验证平台进行数字化仪控系统的工程设计验证，目前已经完成了对岭澳二期、红沿河、阳江、宁德、防城港二期等核电厂的工程设计验证，验证范围也由数字化仪控系统扩展至堆工物理、运行规程、工艺系统、组态画面的设计验证。通过这些项目的验证实施，参考国内外相关标准，已逐步形成了完善的核电厂工程设计验证方法体系。

本书正是基于上述工程实践经验总结和部分前沿科研成果完成编制，共分 6 个章节：第 1 章绪论，介绍核电厂仪控系统和仿真技术的发展背景；第 2 章核电厂仿真建模技术，介绍核电仿真建模的基本理论、技术方法和主要工具；第 3 章核电数字化仪控系统验证技术，介绍国内外安全级数字化仪控系统 V&V 的法规标准和系统功能验证的准则及方法；第 4 章核电数字化仪控系统集成测试技术，介绍核电数字化仪控系统设计、制造和调试阶段的测试工具及系统集成测试验证；第 5 章仿真验证先进技术发展与应用，介绍核电厂数据同化和在线仿真推演技术；第 6 章总结与展望。

本书由中广核工程有限公司核电安全监控技术与装备国家重点实验室大数据同化与风险预警及事故防控研究室牵头编制，谢红云负责本书的整体策划，卢超编写第 1 章；张超编写 2 章；王春冰、叶王平编写第 3 章；毛万朝、范一鹏、王志先、朱剑等编写第 4 章；段奇志、谢红云、杨明、杨军、李梦堃、顾海霞等编写第 5 章；平嘉临编写第 6 章；全书由段奇志负责统稿，凌君、栾振华等参与本书的校核工作，刘光明在本书的编制过程中提供大量指导工作，感谢参与本书的编写人员、校核人员、指导人员及其他提供过支持的人员。

本书所涉及的学科领域广泛，限于编者学识水平，书中难免有欠缺、疏漏之处，恳请广大读者批评指正。

作　者

目 录

第1章
绪　论

1.1　背景

核电是安全、可靠、清洁的非化石能源，发展核电是保障国家能源安全、优化能源结构、改善大气环境的重要战略选择。根据国际原子能机构(IAEA)统计，截至 2019 年 6 月底，全球核电共有在运机组 449 台，分布在 30 个国家，装机容量近 4 亿千瓦，另有在建机组 54 台，装机容量约 5500 万千瓦，累计运行堆年超过 1.8 万年。其中，中国在运机组 47 台，居世界第三，在建机组 11 台，居世界第一。世界核协会年度报告显示，2018 年全球核电发电量超过 25 000 亿千瓦时，约占全球电力供应的 10.5%。核电与航天系统是人类社会复杂程度排名前两位的巨复杂工程，具有多系统、多专业强耦合，空间紧凑多约束条件等特点，同时核电安全是关系国家、地方社会经济平稳运行的重要因素，全生命周期可靠性要求极高。传统核电研发设计采用“设计—试验验证—修改设计—再试验”，反复迭代的串行研制模式。仿真是一门基于控制论、系统论、相似原理和信息技术的多学科综合性技术，它以计算机系统和专用设备为工具，利用模型对实际设计的系统和过程进行模拟。仿真模型和技术是核电设计验证的重要工具和研发模式变革的重要手段。

核电仿真即是对被仿真对象建立数学模型的过程，数学模型与真实过程是存在固有误差的，各类仿真技术的发展主要目的就是减少误差，提高置信度到可控范围内，采用蒙特卡罗、有限元计算等精细化建模，可以最小化误差。仪控系统是核电厂的“大脑”和“中枢神经”，对确保核电厂安全、可靠、经济运行起着至关重要的作用。核电厂仪控系统主要包括三个功能：在正常运行、运行事件和事故工况下监测电厂参数和运行状态，提供必要信息；通过自动或手动控制将系统与设备运行参数维持在规定范围内，使反应堆处于良好的安全性与经济性；在异常或事故工况下能触发相应的保护装置，保护人员、反应堆和系统设备的安全，避免环境受到放射性污染。核电厂仪控系统已从模拟技术发展为数字控制技术，在建的核电厂以及早期建成的核电厂改造都需要数字化仪表与控制系统(简称数字化仪控系统)。

自动化科学与技术始终围绕着建模、控制与优化三个基本科学问题开展研究，核心理论基础是动态系统的建模、控制与优化的理论与方法，核心技术基础是具有动态特性仿真与分析、预测、控制与优化决策功能的系统设计方法与实现技术。随着数字化仪控技术在核电厂全面应用以及用户对于先进控制与智能管理的需求，将计算机仿真技术和核电厂数字化仪控技术应用结合，不但能促进这两项技术在核电领域的应用，同时对核电整体技术的提升也起到推动作用。

1.2 核电厂仿真技术与发展

核电厂仿真主要包括反应堆物理建模、主回路热工水力建模、系统流网与热工水力建模和仪控模型。高精度的反应堆仿真可使用蒙特卡罗等方法在超算计算机平台上实现，也有采用点堆的简化仿真模型，兼顾精度与实时性的物理模型一般采用三维模型，双群扩散、六组缓发中子的时分中子扩散理论建立模型。流网与热力系统仿真基于物理学6方程组，能量守恒、质量守恒、动量守恒3大守恒定律开发的计算机程序，一般采用模块化建模的方法。预设的模块模型库是模块化建模的基础，其中应包含诸如管道、阀门、换热器、风机等热力系统常用的典型部件数学模型。这些模型根据基本守恒定律，按某种计算机语言写成标准形式，作为一个代码单元存放于模块库中。通过模块搭建整个流网的数学模型，组成矩阵方程组进行计算。

控制系统仿真主要可分为全激励仿真、全仿真、翻译仿真和虚拟仿真四种方式：1)全激励方式(Stimulation)：采用真实集散控制系统的硬件、软件和网络系统的适当或最小配置，再现数字化控制系统(DCS-Digital Control System)，能真实再现DCS包括硬件特性。但投资大，早期建造的模拟机使用该技术。2)全仿真方式(Simulation)：利用仿真软件重新构建生成控制逻辑，由于无法跟踪验证和修改DCS真实组态，软件功能逼真度和可信度相对不够高。3)翻译仿真方式(Translation)：对DCS组态文件进行智能编译转换成仿真软件的控制代码，实现DCS的平台转移和再现，可以视为虚拟DCS方式的一种，能与DCS精度，功能基本保持一致。4)虚拟仿真方式：DCS机柜组态与硬件接口软化，在非DCS系统的平台上尽可能真实地由软件再现建立真实DCS系统，虚拟DCS的特点是控制参数和算法完全来源于从DCS工程师站下载的组态文件，使用与真实DCS系统相同的控制算法、模块、时间片、位号等，能够随着真实DCS系统的修改与更新，同步进行仿真系统的修改与更新，能完成复杂的仿真控制应用功能，仿真软件的功能逼真度和可信度很高。

核电仿真技术主流发展方向是数字反应堆、数字双胞胎(数字孪生)方向。数字反应堆方向有美国NEAMS(核能先进仿真与建模)、欧洲NURESIM(核能数值反应堆)计划。目标是借助超级计算机，利用蒙特卡罗、有限元计算方法，将多专业的计算耦合起来(反应堆、燃料、结构、材料、流体等)，并对仿真结果可信度进行量化，最终取代物理试验。实现真正的数字反应堆(或叫数值反应堆)需要投入大量的人力、物力，中国2018年在这方面设立了国家重大专项新型研究。当前核电仿真应用领域，包含事故分析、设计验证及培训等，而对设计的其他阶段，建立核电厂的计算机辅助设计平台，建立包括流体力学、工艺系统、设备选型等多专业的统一的设计、计算辅助平台，本质上可以看成是数字反应堆的初级阶段，实现仿真驱动设计。

仿真不仅是各种产品或过程的设计决策、评价和试验的基本工具，并且用于复杂工程系统的分析。毫无疑问，这个趋势将会延续下去，仿真的应用不会停留在设计阶段，如今正在向产品和系统的全生命周期扩展，构成与实体形影不离的"数字双胞胎"。数字双胞胎是指可用于各种物理资产的计算机化"伴侣"，借助安装在物理对象上的传感器数据来映射产品实时状态、工作条件或位置。利用数字双胞胎实现监控和操作，即把实体核电厂和虚拟核电厂模型连接在一起，通过虚拟模型反映物理对象的变化。建立核电厂数字双胞胎也可用于监测、诊断和预测，借助数据挖掘建立模型，通过物理资产使用中不断产生的和归档的历史信息，在不同地理分布的机器群之间进行比较，以帮助改善预后的结果。

1.3 核电厂仪控系统与技术发展

核电厂仪控系统的发展经历了三个阶段。第一阶段是以 CMOS、TTL 组件搭建模拟电路，实现数据采集、处理、输出、显示等控制功能的控制系统，一般称之为模拟控制系统。第二阶段是在第一阶段的基础上，增加部分数字化控制(如 PLC 控制)，将模拟控制和数字控制混合运用的控制系统。为保证核电厂的安全运行，在核岛主要采用模拟系统，而常规岛和辅助系统则采用了先进的可编程序控制器等基于计算机处理的控制系统。同时，第二阶段针对全厂的状态监视，配置了数据采集和监督控制系统(Supervisory Control and Data Acquisition，SCADA)。第三阶段为全数字化仪表控制系统，如分布式控制系统，以 CPU、FPGA 为典型器件，构成核电厂全新的成套数字化控制系统，完成了数据计算和逻辑控制，并实现了数字显示。当前核电厂仪控系统发展处于第三阶段，在建的核电厂以及早期建成的核电厂改造都需要数字化仪表与控制系统(简称数字化仪控系统)。

数字化仪控系统的特点主要体现为系统以局域网为主，功能较多，能够实现对现场控制、系统管理和网络连接等操作。通过对相应控制技术的应用，能够实现对网络顺序和逻辑的控制，最终实现对该系统的综合管理。数字化仪控系统在核电厂中的应用，依据的是四种技术，包括计算机技术、通信技术、控制技术以及显示技术等。在利用上述四种技术的基础上，通过互联网技术的支持，实现对新型技术的引入和使用。新型技术包括以智能为主的自动报警技术、能实现远程操控的人机界面等。将上述技术放置到数字化仪控系统中，实现系统化的控制功能，对相应的技术实施控制，使其能够在核电厂运行中充分发挥应有的作用。

核电厂仪控系统在设计、制造、现场安装和调试过程中都要经过严格的测试，以便及时发现问题、改进设计，保证最终产品满足核电厂特殊要求，达到提高核电厂可靠性和经济性的目的。

1.4 小结

核电仿真根据不同的应用需求，一般都对数学模型做一定的简化，以及数据拟合计算(龙格—库塔法：正向的数学公式计算+参数拟合与结果倒推)，使计算精度与实时性达到一个平衡。现阶段仿真技术被广泛地应用与反应堆设计安全分析、独立安全评价、控制与保护系统设计、先进控制室设计验证、操纵员培训与教学等应用。仿真技术在核电新技术研发、工程设计、人员培训与安全运行中起到不可替代的重要作用。

近年来，在计算机网络技术和数学模型技术不断进步的基础上，各大型发电厂还在实时控制系统之外，大力发展了实时信息系统(Supervisory Information System，SIS)和实时仿真系统(Simulator System，SIM)，这构成了所谓大型发电厂的三大实时系统。一般情况下，大型发电厂的实时仿真系统(SIM)主要由两部分组成：数学模型(包括反应堆、热工水力、电气、汽机等主要的物理设备)和仿真控制系统。只有当设备的数学模型和仿真控制系统都足够精确时，才能认为这个仿真系统可以模拟对象电厂的真实操作和控制，用其进行运行分析和培训才具有真实的意义。仪控仿真正发展为“虚拟技术”方向，实时控制系统、实时信息系统和实时仿真系统的实时互联，实现“在线仿真”“超实时仿真”，再结合数据库技术和各种实时通信技术实现数据分析、模型校验和参数优化等高级仿真控制功能，可以为核电安全、可靠和经济运行提供一种数字化保障。

参考文献

[1] 曹建国. 仿真技术研究现状、挑战与展望. 北京：推进技术，2018.
[2] 柴天佑. 自动化科学与技术发展方向. 自动化博览，2019.
[3] 李海煌，商海龙. 核电厂数字化仪控系统的发展及应用分析. 科技创新与应用，2017.
[4] 江国进，刘春明，白涛，等. 自主知识产权的核电站数字化仪控系统平台研制. 自动化仪表，2016.

第 2 章

核电厂仿真建模技术

2.1　核电厂仿真建模技术概述

2.1.1　核电厂仿真建模技术现状

国外核电领域的仿真软件主要有美国 GSE 公司、法国 CORYS、加拿大L3 MAPPS、美国 WSC 公司提供的仿真计算软件，这些国外公司的仿真建模软件技术比较成熟，公司提供的产品不仅包括用于电站操纵员培训和取证所使用的全范围模拟机，而且还包括用于研究和验证控制系统和 DCS 设计的仿真验证平台和分析工具。

美国 GSE 公司的仿真系统由多个软件模块组成，关于两相流系统建模工具，单相流系统建模工具，核反应堆堆芯动力学模型 REMARK，核电厂主回路热工水力模型 RELAP-HD；法国 CORYS 公司的仿真软件在两相流模拟上采用的是 CATHARE/RELAP5 软件，模拟热工水力计算采用的是多维中子动力代码；加拿大 L3 MAPPS 公司采用的是先进的中子动力学模型，它基于严格的物理模型和先进的数值计算技术。程序用于模拟重水堆，计算采用有限差分法。用于模拟轻水堆和气冷堆，它使用节块展开理论来计算扩散方程。

国内从事核电仿真研究的公司主要有中核武汉核电运行技术仿真有限公司和中广核仿真技术有限公司，他们的仿真研究主要致力于通过专用的热工水力分析软件及堆芯建模软件等，开发核电厂全范围的培训模拟机、仿真分析机和严重事故模拟机等工业产品，是我国核电事业培养操纵员的主要力量。开展核电仿真研究的高校主要有上海交通大学、西安交通大学、哈尔滨工程大学等，主要侧重于基础理论研究过程中通过仿真模型的搭建对系统或设备改进的验证工作。

2.1.2　系统仿真建模基本理论

为了研究、分析、设计和操作某个系统，往往需要对该系统进行试验，一般来说有两种试验方案：一种是直接在真实系统上进行；另一种是按真实系统的原型构成一个模型，然后在模型上进行试验。

在真实系统上进行试验往往存在很大困难。例如，在组成系统前系统并不存在，即使系统存在，在真实系统上试验会破坏它的正常工作，甚至造成重大事故，或无法复原。显而易见，在一个真实核电设备及系统上进行试验是难以实现的。因此在模型上进行试验就成为对系统进行分析、研究和操作必不可少的有效手段。这种在模型上进行试验的过程就是系统仿真。

在仿真过程中所要求的时间和空间的变化过程与真实系统的时空变化完全或基本

一致，叫作实时仿真。实时仿真比非实时仿真具有更高的技术要求，包括对计算机的系统结构、并行处理、内外存容量、运算速度、模型精度、仿真算法等都提出了要求。

随着计算机技术的迅速发展，采用数学模型对真实系统进行数学仿真，是近些年来的发展趋势。因此，系统仿真又称为计算机仿真。计算机仿真包括三个要素：系统、模型、计算机。

首先根据被研究或被使用系统(对象)的物理原则建立系统的对象数学模型，它的主体大多是微分方程组和代数方程组。再将数学模型按一种或多种能为计算机所接收的算法，例如差分方程，人工或自动地编制在计算机上运行，取得试验所需的各种参数、图表、图形、曲线等，同时反馈给系统。

系统、模型与仿真三者之间有着十分密切的关系。系统是研究对象，模型是系统特征的表述，一般来讲模型不仅用来代替系统，二者应该是系统的简化。仿真则包含建立模型和对模型进行试验和验证两个过程。

仿真模型的建立本质上是各种算法的研究、比较和选定。它可以适用于不同对象的数学模型，具有普遍性，所以建模所需要的时间比较长。

2.2　核电厂堆芯物理建模

(1)堆芯物理建模基础

堆芯物理学或动力学模型采用真三维模型，双群扩散、六组缓发中子的时分中子扩散理论模型，对于每一个燃料组件的轴向分为18个以上的节点，径向单个节点建立模型。所选模型应能真实反映参考机组的堆芯中子物理学和动力学的特性，遵照参考机组总体特性、运行/事故规程及安全分析报告，模拟包括换料冷停堆到对应于电厂正常工况、异常工况以及事故工况所能达到的最大功率，从堆芯初始运行到堆芯寿期结束。堆芯反应性是不同的堆芯、电厂状态、控制棒重叠度条件下棒位置的函数。所有影响反应性的因素和反馈均应在堆芯模型中体现。对于正常、偏离正常、异常和事故工况下的电厂评估，应用到的影响堆芯正常和非正常情况下的反应性的有但是不限于以下的参数。

1)燃料在不同的燃料周期内相关特性的变化带来的影响。

2)氙毒，硼，钐，压力，空泡和温度(燃料和慢化剂)对于堆芯反应性和控制棒价值的影响将贯穿整个堆芯周期。

3)棒位探测器对于棒位指示的影响。

4)控制棒运动，慢化剂温度和燃料温度对氙分布的影响。

5)由中子源产生的中子通量的空间和时间影响，包括中子源的强度，源分布以及反应堆启停期间的次临界倍增影响。

6)流量和温度分布的不均匀性和堆外核测仪表的指示所造成的影响。

7)燃料包壳破口造成的燃料温度和燃料温度变化引起的反应性反馈的影响。

8)燃料和包壳热传导性是一个温度的函数。

9)氢和裂变产物的释放是包壳温度、历史功率、燃料破损时间、包壳和冷却剂之间压力差异的函数。

10)堆芯N-16的释放是中子通量的一个函数。

11)反应性反馈的计算基于原子核属性(b-常数，截面，K有效系数等)进行，应考虑到：

①燃料和可燃毒物；

②裂变产物中的毒物(碘、氙、钷、钐)；

③不同的控制棒束的位置；

④主要系统的硼浓度；

⑤慢化剂的局部密度、温度、空泡份额；

⑥局部燃料温度(多普勒效应)；

⑦其他。

12)中子扩散或输运方程的边界条件应说明反射体的影响作用。

13)反应堆运行期间的由于历史运行、当前反应堆状态、裂变产物的产生引起的衰变热的变化。

14)由不均匀控制棒分布，慢化剂密度，空泡和硼注入导致的轴向和径向的氙瞬态动态计算。

15)模型能精确仿真由正常的棒运动，卡棒或弹棒等控制棒的变化引起的控制棒价值的动态变化。

基于核电仿真的堆型模型均使用现役核电机组的燃料数据，建模使用成熟的模型算法进行仿真建模计算，例如图 2-1 使用堆芯软件计算核电机组燃料数据，不考虑堆型截面数据的改变。本文主要考虑一回路热工水力及反应堆堆芯的建模技术和方法，主要的相关系统包括 RCP、RPN 和 RIC。

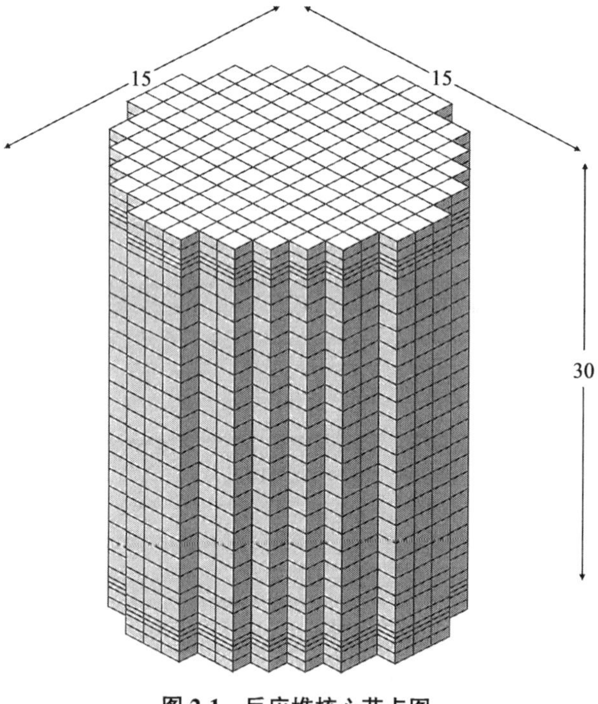

图 2-1　反应堆核心节点图

(2)一回路热工水力建模基础

一回路热工水力包括蒸汽发生器二回路(到主蒸汽管线的连接点)，通过 RETACT (Real Time Advanced Core and Thermo Hydraulics)建模，RETACT 已成功应用于全世界超过 50 个核电厂全范围模拟机。

REATCT 模拟反应堆与蒸汽发生器内的两相非平衡现象。通过两相质量、动量及能量平衡来完成建模。漂移通量模型用于计算液体与气体相的不同速度。这一非均匀流速模型考虑到逆流限制关系方程(CCFL)，用于计算两相流体的流速。RETACT 模型主要用到的热工水力方程如下。

1)质量、动量及能量平衡

模型对 5 个以时间空间跟踪的组分明确地建立了守恒方程，这 5 个组分为：

——非凝结气体(质量)

——水蒸气(质量)

——气相内放射性物质

——液相内放射性物质

——硼

整合这些组分的守恒方程，可以得到密度分布。用空间变量 Z 的守恒方程的一维形式来分析。五个守恒方程的微分表达式为。

非凝结气体质量守恒：

$$A\frac{\partial(\alpha\rho_{n})}{\partial t}+\frac{\partial W_{n}}{\partial Z}=A\Gamma_{n}+\delta_{s}S_{n} \tag{2-1}$$

蒸汽质量守恒：

$$A\frac{\partial(\alpha\rho_{v})}{\partial t}+\frac{\partial W_{v}}{\partial Z}=A\Gamma+\delta_{s}S_{v} \tag{2-2}$$

气相内放射性物质守恒：

$$A\frac{\partial}{\partial T}(\alpha X_{g})+\frac{\partial}{\partial Z}W_{xg}=A\Gamma_{x}+\delta_{s}S_{xg}-A\lambda_{g}\alpha X_{g} \tag{2-3}$$

液相内放射性物质守恒：

$$A\frac{\delta_{l}(1-\alpha)X_{l}}{\partial t}+\frac{\partial W_{xl}}{\partial Z}=-A\Gamma_{x}+\delta_{s}S_{xl}-A\lambda_{l}(1-\alpha)X_{l} \tag{2-4}$$

硼质量守恒：

$$A\frac{\partial(1-\alpha)B}{\partial t}+\frac{\partial W_{b}}{\partial Z}=\delta_{s}S_{b} \tag{2-5}$$

式中：A ——流通面积，m^2；

B ——硼密度，kg/m^3；

S ——外部质量源，kg/s 或 Ci/s；

W ——流速，kg/s 或 Ci/s；

X ——放射性物质浓度，Ci/m^3；

Z ——空间坐标，m；

Γ ——质量传输流量(液体对气相)，$kg/(m^3\cdot s)$或$Ci/(m^3\cdot s)$；

α ——空泡率，无量纲；

δ ——狄拉克 δ 函数；

ρ——密度，kg/m^3；

λ——放射衰变常数，1/s。

这些方程下标代表为：

b——硼；

g——气体(水蒸气加非凝结气体)；

l——液体；

n——非凝结气体；

s——外部源；

v——蒸汽；

x——放射物。

除了这些五组分，对每一个流体单元来计算液体质量。计算该液体质量的方法并没有直接加入质量守恒方程。相反，单元流体质量是通过结合整个区域质量来计算，质量分布通过间接应用液体质量守恒方程来计算。液体质量守恒方程隐式求解为。

液体质量守恒

$$A\frac{\partial(1-\alpha)\rho_1}{\partial t}+\frac{\partial W_1}{\partial Z}=-A\Gamma+\delta_s S_1 \tag{2-6}$$

质量守恒方程左侧第一项模拟液体密度随时间的变化，第二项代表流量梯度产生的质量流量(当方程离散化时每一个单元为出口流量减去进口流量)。在右侧的方程第一项模拟了由于相变引起的质量损失或增加。例如，如果质量以 Γ [$kg/(m^3\cdot s)$]的速率蒸发，将从液体质量守恒方程减去该质量，在右侧的方程第二项代表内部系统的质量外源，例如，这些外源用来模拟安全喷射冷却液管路(连接到冷段节点)，这种情况下就有一个液体的外源 S_1。

动量守恒由两相混合物动量守恒方程组成。漂移流量模型用来模拟液相与气相的相对速度。混合物动量守恒方程沿所有闭环回路积分来得到流速与压力分布。动量守恒方程的微分形式为：

$$\begin{aligned}&\frac{\partial W}{\partial t}+\frac{\partial}{\partial Z}\left[VW+\alpha(1-\alpha)\frac{\rho_g\rho_1}{\rho}V_R^2A\right]\\&=-A\left(\frac{\partial p}{\partial Z}+F-\delta p\Delta P_p+\rho g\right)+\delta_s SV_s\end{aligned} \tag{2-7}$$

式中：g——重力加速度，m/s^2；

p——压力，Pa；

V——速度，m/s；

F——摩擦及表面损失，$kg/(s^2\cdot m^2)$；

δ——狄拉克 δ 函数。

动量守恒方程中下标 P 代表泵，ΔP_p 为通过泵叶轮的压升。由于管壁摩擦与流阻产生的流量压损为如下模型：

$$F = \frac{\rho C_f V|V|}{D_h} \tag{2-8}$$

式中：C_f——达西摩擦因子，无量纲；

D_h——单元水力直径，m。

动量守恒方程中，气相相对于液相的相对速度为 V_R。相对速度定义为：

$$V_R = [\frac{Q_g}{\alpha} - \frac{Q_l}{1-\alpha}]/A \tag{2-9}$$

式中：Q——体积流速，m^3/s。

相对速度是描述两相不平衡状况的关键参数，由漂移流量模型预测。对两个能量守恒方程积分得到焓随时间空间变化的分布。这两个方程为两相混合物与气相能量守恒方程。这些守恒方程的微分形式为：

气相能量守恒

$$A\frac{\partial(\alpha\rho_g h_g)}{\partial t} + \frac{\partial W_g h_g}{\partial Z} = A(\Gamma h_{v_{sat}} + \Gamma_n h_n + q'''_{wg} - q'''_{gi} + \alpha\frac{\partial p}{\partial t} + \delta_s S_g h_{sg} \tag{2-10}$$

混合物能量守恒

$$A\frac{\partial(\rho h)}{\partial t} + \frac{\partial(W_G h_G + W_L h_L)}{\partial Z} = A(q'''_w + \frac{\partial p}{\partial t}) + \delta_s S h_s \tag{2-11}$$

式中：h——比焓，J/kg；

q——容积热源，$J/(s \cdot m^3)$。

下标代表：

i——液体与气体的界面；

w——容器或管子的壁。

在第一个能量方程中，气相定义为蒸汽与非凝结气体混合物。能量守恒方程导出混合物与气相的焓值。液相能量守恒方程没有被积分；相反，液相焓由混合物焓减去气相焓得到。

下一步模型的推导是将守恒方程变为积分形式。为达到该目标，用有一个守恒有限差分格式来离散化微分方程。积分时间采用显示欧拉法。从 Z_{k-l} 到 Z_k 对一个流体单元的所有质量、动量及能量守恒微分方程进行整合。积分时间从 t 到 t'，这里 $t'=t+\Delta t$。

动量守恒方程的积分形式由沿有环路空间积分来获取。在一回路中，沿有通过堆心的闭式环路流动路线进行积分，同样应用于堆心旁路与其回路之一的每一个闭式环路流动路线。在二回路中，沿有通过闭式再循环流动路线进行积分。

混合物动量守恒方程

$$
\begin{aligned}
I'_i = I_i + \Delta T \sum_i A\Delta Z_k(-F + \Delta P_p - \rho_g)_k + \\
\frac{1}{2}\rho_k V_k^2(\frac{A_k}{A_{k+1}} - 1) + \frac{2}{A_k + A_k + 1}\{[\alpha(1-\alpha) \times \\
\frac{\rho_g\rho_1}{\rho} V_R^2 A]_{k+1} - [\mathrm{lha}(1-\alpha)\frac{\rho_g\rho_1}{\rho} V_R^2 A]_k\}
\end{aligned}
\quad (2\text{-}12)
$$

i 代表属于 i 闭环流动路线的所有流体单元的总和。

本积分方程应用于每一个闭环流动路线。当在一个区域存在超过一个闭环时，动量守恒方程变成一组耦合的线性方程。在一回路中，通过 GaussJordan 消元法求解一组偶合的五个方程。对每一个蒸汽发生器二回路有一个独立方程。在动量方程求解的结果是每一个环路的体积流量与当地压力的混合体。通过离散与积分方法也可以推导出能量守恒方程半隐式的公式。这些方程的积分形式如下。

气体能量守恒

$$
\begin{aligned}
(\alpha\rho_g h_g)'_k = (\alpha\rho_g h_g)_k + \Delta t[\Gamma(h_{vsat} - \theta(h_{vsat} - h_1 \mathrm{sat})) + \\
(S_g h_{sg}) + (h_g W_g)_{k-1} - (h_g W_g)_k + Q_{wg})/\mathrm{VOL_k}] + \\
\theta\, \mathrm{a}_i H_{hi}(h'_l - h'_i) - (1-\theta)\, \mathrm{a}_i H_{gi}(T'_g - T_i) + \alpha(p' - p)
\end{aligned}
\quad (2\text{-}13)
$$

两相混合能量守恒

$$
\begin{aligned}
(\rho h)'_k = (\rho h)_k + \Delta t[S_k h_{sk} + (h_g W_g + h_l W_l)_{k-1} - (h_g W_g + h_l W_l)_k + \\
Q_{wk}]/\mathrm{VOL}_k + p' - p
\end{aligned}
\quad (2\text{-}14)
$$

2) 漂移流模型

漂移流量模型描述了气相与液相流速的关系，并被广泛承认为计算相对流速的方法。该模型基于实验数据经验，这些数据与分布参数 C_o 及气体漂移速度 $\bar{V}$ 相关。对于感兴趣的状况，很好地建立 C_o 及 $\bar{V}$ 的相关性，包括由于重力与逆流流动的限制（CCFL）产生的相分离。

在漂移流量模型中早期已介绍的相对流速计算为

$$
V_R = (C_o - 1)\frac{Q}{(1-\alpha)A} + \frac{\bar{V}_g j}{(1-\alpha)} \quad (2\text{-}15)
$$

式中：Q ——表示两相混合物的体积流量，m^3/s。

作为两相计算部分，在它们产生的流体单元，泡沫液位（如图 2-2 所示）是主要计算量。对于泄压阀和管道破裂要计算单相与两相混合物的临界及亚临界流速。

硼与非凝气体单独建立质量平衡，也计算在气相与液相里的放射物衰变浓度及传递。RETACT 精确地计算每一个传热方式的传热系数。传热方式考虑了单相液体对流、过冷沸腾、饱和核沸腾、膜沸腾、单相气体对流及蒸汽凝结。

RETACT 反应堆冷却泵（RCP）模型考虑了单相与两相稳态及暂态泵运行方式，通过基于泵的设计数据来表示的四象限相应的泵的曲线（如图 2-3 所示为两相压头曲线）。

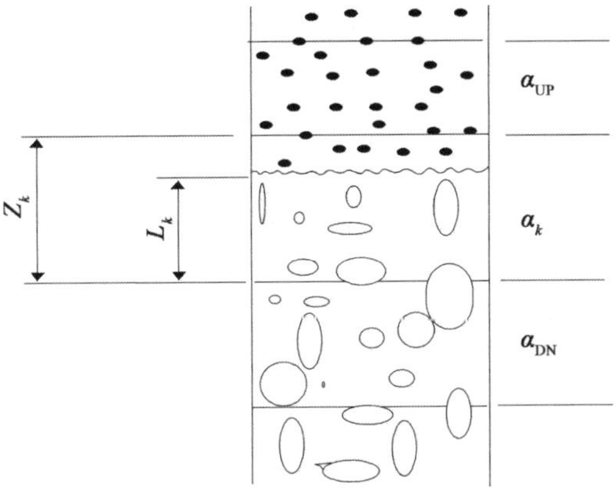

图 2-2　两相混合流计算单元示意图

从这些曲线，可以计算泵的压头与扭矩，应用于泵的轴动量平衡，可以求解泵的旋转速度。在泵故障情况下，从动量平衡可以预测倒流与自然循环，考虑计算方式与摩擦损失、浮力、连锁或续流泵的影响。

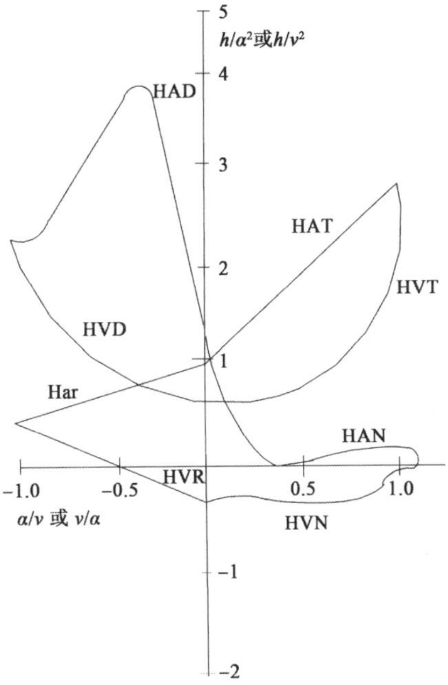

图 2-3　泵的两相压头曲线

RETACT 程序提供了对一回路主系统与蒸汽发生器的精确仿真。该程序可完整模拟正常操作与暂态过程下的所有控制盘的参数，暂态过程包括从冷态启动、到热备用、到满负荷、负荷演习、紧急暂态、机组停机、冷却及由任何假定故障引起的暂态情况。关键与可观测的预测参数包括冷却剂压力、温度、流量、液位，它们可以通过严格的两相非平衡热工水力计算得到。

3)堆芯物理模型

核电厂所有运行工况的堆芯物理模拟采用三维实时多组动力学模型。它计算了RPN系统中子探测器的中子注量率、RIC系统堆芯出口温度，以及堆芯监控系统(如LSS)所要求的堆芯性能参数。

使用来自运行核电厂的整个周期的堆芯数据，对应于周期开始，中循环和周期结束的三个燃料消耗水平作为初始条件。

堆芯区域的模拟，每个燃料组件有一个径向节点，每个径向节点有12个轴节点的每个节点模拟。

三维实时多组动力学模型能够模拟正常运行、预期瞬态和事故瞬态事件的堆芯中子物理特性。三维实时多组动力学模型使用在X，Y和Z方向的网格化的堆芯离散化方法，来描述的堆芯几何尺寸。缓发中子对中子注量率的贡献在每个网格中考虑。三维实时多组动力学模型可以准确地再现堆芯热功率的快速及局部瞬态变化。因此，它提供了高精度的堆芯热功率，反馈到RETACT模型和中子注量率/功率仪表。

三维实时多组动力学模型是多区域、三维、二群、改进型准静态、时空动力学模型。在二群的推导中，改进的准静态模型是完全严格的，除了有限差分没有引进其他近似。

从时间关联的标准中子扩散方程和缓发中子初期平衡方程开始：

$$\frac{1}{v_1}\frac{\partial \phi_1(\underline{r},\ t)}{\partial t} = \nabla\cdot D_1(\underline{r},\ t)\ \nabla\phi_1(\underline{r},\ t) - \Sigma_{1\to 2}(\underline{r},\ t)\ \phi_1(\underline{r},\ t) - \Sigma_{a,\ 1}(\underline{r},\ t)\ \phi_1(\underline{r},\ t) + (1-\beta)\sum_{g=1}^{2}\nu\Sigma_{f,\ g}(\underline{r},\ t)\ \phi_g(\underline{r},\ t) + \sum_{k=1}^{6}\lambda_k C_k(\underline{r},\ t) + S_{ext}(\underline{r}) \tag{2-16}$$

$$\frac{1}{v_2}\frac{\partial \phi_2(\underline{r},\ t)}{\partial t} = \nabla\cdot D_2(\underline{r},\ t)\ \nabla\phi_2(\underline{r},\ t) - \Sigma_{a,\ 2}(\underline{r},\ t)\ \phi_2(\underline{r},\ t) + \Sigma_{1\to 2}(\underline{r},\ t)\ \phi_1(\underline{r},\ t)$$

$$\frac{\partial C_k(\underline{r},\ t)}{\partial t} = -\lambda_k C_k(\underline{r},\ t) + \beta_k\sum_{g=1}^{2}\nu\Sigma_{f,\ g}(\underline{r},\ t)\ \phi_g(\underline{r},\ t) \tag{2-17}$$

用改进的准静态方法来推导振幅函数和形状函数方程，群的中子通量首先分解成一个纯粹的时间依赖性振幅函数$p(t)$和一个时空依赖的群形状函数$\psi_g(\underline{r},\ t)$的乘积。

$$\phi_g(\underline{r},\ t) = p(t)\ \psi_g(\underline{r},\ t),\ g = 1,\ 2,\ \cdots,\ n \tag{2-18}$$

为使分解独特，引入一个形状函数的随时间变化的约束条件。这一约束条件表示为一个的形状函数的体积积分。更严格的推导，将伴随通量作为这个积分的权重引入约束条件。然而，对于实时仿真，体积积分是适当的且节省时间。

$$\int_V \mathrm{d}\underline{r}\sum_{g=1}^{2}\psi_g(\underline{r},\ t) = 1 \tag{2-19}$$

这样导出一个未知函数$p(t)$和$\psi_g(\underline{r},\ t)$的耦合系统方程

$$\dot{p}(t)=\frac{\rho(t)-\beta}{\Lambda(t)}p(t)+\sum_{k=1}^{6}\lambda_k\gamma_k(t)+\varepsilon \tag{2-20}$$

$$\dot{\gamma}_k(t)=-\lambda_k\gamma_k(t)+\frac{\beta_k}{\Lambda(t)}p(t) \tag{2-21}$$

$$\frac{1}{v_1}\left[\frac{\dot{p}(t)}{p(t)}\psi_1(\underline{r},t)+\frac{\partial\psi_1(\underline{r},t)}{\partial t}\right]=\nabla\cdot D_1(\underline{r},t)\nabla\psi_1(\underline{r},t)-\Sigma_{a,1}(\underline{r},t)\psi_1(\underline{r},t)-\Sigma_{1\to2}(\underline{r},t)\psi_1(\underline{r},t)+(1-\beta)\sum_{g=1}^{2}\nu\Sigma_{f,g}(\underline{r},t)\psi_g(\underline{r},t)+\frac{1}{p(t)}\left[\sum_{k=1}^{6}\lambda_k C_k(\underline{r},t)+S_{ext}(\underline{r})\right] \tag{2-22}$$

$$\frac{1}{v_2}\left[\frac{\dot{p}(t)}{p(t)}\psi_2(\underline{r},t)+\frac{\partial\psi_2(\underline{r},t)}{\partial t}\right]=\nabla\cdot D_2\nabla\psi_2(\underline{r},t)-\Sigma_{a,2}(\underline{r},t)\psi_2(\underline{r},t)+\Sigma_{1\to2}(\underline{r},t)\psi_1(\underline{r},t) \tag{2-23}$$

$$\frac{\partial C_k(\underline{r},t)}{\partial t}=-\lambda_k C_k(\underline{r},t)+p(t)\beta_k\sum_{g=1}^{2}\nu\Sigma_{f,g}(\underline{r},t)\psi_g(\underline{r},t) \tag{2-24}$$

式中：$\Lambda(t)$——有效中子生成时间；

$\rho(t)$——有效的反应；

b_k——第 k 次缓发中子群的有效缓发中子份额；

b——b_k 的和；

λ_k——第 k 次缓发中子群的衰变常数；

$C_k(\underline{r},t)$——第 k 次缓发中子群的缓发中子初期浓度；

$S_{ext}(\underline{r},t)$——外部中子源强度；

$\gamma_k(t)$——$C_k(\underline{r},t)$的体积积分；

ε——$S_{ext}(\underline{r},t)$的体积积分；

$p(t)$——振幅函数；

$\psi_g(\underline{r},t)$——群 g 的形状函数；

v_g——群 g 的有效中子速度；

D_g，$\Sigma_{a,g}$，$\Sigma_{f,g}$，$\nu\Sigma_{f,g}$——群 g 的扩散系数，宏观吸收，核裂变截面和中子裂变截面；

$\Sigma_{1\to2}$——从群 1 到 2 的宏观散射截面。

基于上面的系列方程，形状和振幅函数相结合来计算每个网格的中子注量率，

$$\phi_1(\underline{r},t)=\psi_1(\underline{r},t)\cdot p(t) \tag{2-25}$$

$$\phi_2(\underline{r},t)=\psi_2(\underline{r},t)\cdot p(t) \tag{2-26}$$

中子注量率的氙和钐的计算如下：

氙的计算：

$$\frac{\partial I(\underline{r},t)}{\partial t}=\sum_{g=1}^{2}\zeta_{I,g}\Sigma_{f,g}(\underline{r},t)\phi_g(\underline{r},t)-\lambda_I I(\underline{r},t) \tag{2-27}$$

$$\frac{\partial \mathrm{Xe}(\underline{r},\ t)}{\partial t} = \sum_{g=1}^{2} \zeta_{\mathrm{Xe},\ g} \Sigma_{\mathrm{f},\ g}(\underline{r},\ t)\ \phi_g(\underline{r},\ t) - \lambda_{\mathrm{Xe}} \mathrm{Xe}(\underline{r},\ t) + \lambda_I I(\underline{r},\ t) - \mathrm{Xe}(\underline{r},\ t) \sum_{g=1}^{2} \sigma_{a,\ \mathrm{Xe},\ g} \phi_g(\underline{r},\ t) \tag{2-28}$$

钐的计算：

$$\frac{\partial \mathrm{Pm}(\underline{r},\ t)}{\partial t} = \sum_{g=1}^{2} \zeta_{\mathrm{Pm},\ g} \Sigma_{\mathrm{f},\ g}(\underline{r},\ t)\ \phi_g(\underline{r},\ t) - \lambda_{\mathrm{Pm}} \mathrm{Pm}(\underline{r},\ t) \tag{2-29}$$

$$\frac{\partial \mathrm{Sm}(\underline{r},\ t)}{\partial t} = \lambda_{\mathrm{Pm}} \mathrm{Pm}(\underline{r},\ t) - \mathrm{Sm}(\underline{r},\ t) \sum_{g=1}^{2} \sigma_{a,\ \mathrm{Sm},\ g}\ \phi_g(\underline{r},\ t) \tag{2-30}$$

而且，一个 23 组的衰变热模型被用来进行时空依赖的衰变热计算。由于裂变产物衰变产生的衰变热产生率的模型如下：

$$\frac{\partial Q_{\mathrm{d}}(\underline{r},\ E,\ t)}{\partial t} = - \lambda_{\mathrm{d}}(E)\ Q_{\mathrm{d}}(\underline{r},\ E,\ t) + \lambda_{\mathrm{d}}(E)\ N_{\mathrm{d}}(E)\ Q_{\mathrm{p}}(\underline{r},\ t) \tag{2-31}$$

然后，裂变功率的计算如下：

$$Q_{\mathrm{p}}(t) = \int_v \mathrm{d}\underline{r} \cdot \sum_{g=1}^{2} k\, \Sigma_{\mathrm{f},\ g}(\underline{r},\ t)\ \phi_g(\underline{r},\ t) \tag{2-32}$$

最后，总热功率是裂变和衰变热功率的总和，

$$Q_{\mathrm{th}}(t) = Q_{\mathrm{p}}(t) + Q_{\mathrm{d}}(t) \tag{2-33}$$

结合上述计算，三维实时多组动力学模型提供接口输入到 RPN、RIC、LSS 和 RCP，同时从 RETACT 模型接收冷却液的物性参数(温度，密度，空隙率，硼浓度)和燃料温度。

2.3 核电厂热力系统仿真建模技术

对热力系统进行计算机仿真包括分析研究对象、建立数学模型，开发和校验计算机程序，准备原始输入数据，计算以及利用计算结果对研究对象进行评估等内容，其中数学模型的建立及其计算机程序实现是仿真研究的基础和关键所在。

热力系统仿真通常采用模块化建模的方法，在建模的过程中应保证系统的模块化分解和模块的连接组合过程容易进行，同时可使任意一个模块的删除和插入不给其他模块的组合过程带来影响。预设的模块模型库是模块化建模的基础，其中应包含诸如管道、阀门、换热器、风机等热力系统常用的典型部件数学模型。这些模型根据基本守恒定律，按一定规范计算机语言写成标准形式，作为一个代码单元存放于模块库中。通过模块搭建整个流网的数学模型，组成矩阵方程组进行计算。

对于核电厂这种大型复杂系统的热力系统仿真通常是以电站系统中的加热器、风机、泵、阀门作为基本模块，模型的边界即为设备的自然边界，模块方程描述的是本设备内容的动态特性，完全独立。同时某个模块内部的修改对其他模块没有任何影响。而且，由于电站热力系统中有较强耦合关系的压力、流量等变量已经从模块的计算中分离出去，因此模块内部的动态特性比较一致。模块与外界的连接也是很方便的，它所使用的边界接口完全是依照设备本身的物理结构而定的，只需要指定工质在各模块之间流体的出入口情况即可。

在由若干设备组成的管路系统中，压力和流量的动态和静态特性有着较强的耦合关系，单独的模块无法描述这种特性，如水泵、阀门、管道等这样的设备，其压力和流量不可能在这些设备所对应的模块中同时算出，而只能是已知其进、出口压力求出流量，或是已知流量和进出口压力中的一个求另一个压力，流体网络处理其内部构造形式与流体网络的拓扑结构有关。

2.3.1 支路及流网管路的建模

在建立核电厂数学模型中涉及的由蒸汽、水等流体工质所组成的管理系统的求解问题，这些管路系统可能具有复杂的网络拓扑结构，对于实际核电厂实时仿真过程，需要关注系统内部各个节点的压力和管路里流量的瞬态特性。流网中所有节点上的压力需要通过联立求解的方式求得，同时建立的流体网络必须保证计算的稳定性、准确性和实时性。在建模过程中仿真软件通常把管路和水箱等这类设备当作控制体，每个控制体都有两个边界，分别为流进和流出。整个流网系统遵守连续性方程的原理进行计算，支路流体网络节点图如图 2-4 所示。

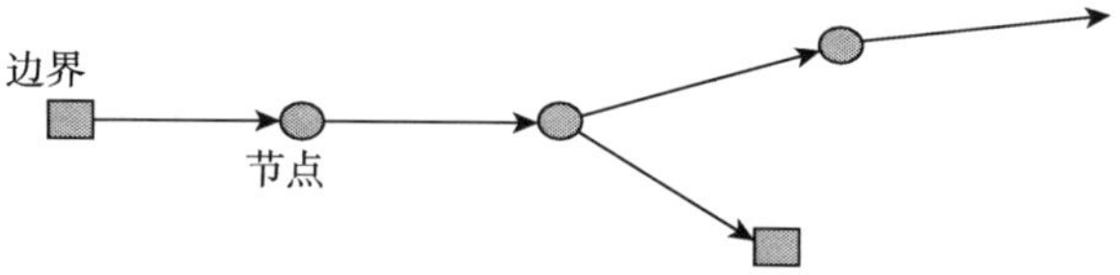

图 2-4　支路流体网络节点图

质量守恒方程

$$\frac{\partial \rho}{\partial t} + \frac{\partial}{\partial x}(\rho u) = 0 \tag{2-34}$$

能量守恒方程

$$\frac{\partial}{\partial t}(\rho h - p) + \frac{\partial}{\partial x}(\rho h u) = q \tag{2-35}$$

动量守恒方程

$$\frac{\partial}{\partial t}(\rho a) + \frac{\partial}{\partial x}(\rho a u) = 0 \tag{2-36}$$

式中：ρ——密度，kg/m^3；

u——速度，m/s；

p——压力，kg/m^3；

a——不可压缩气体的压缩系数；

h——焓值，kg/m^3。

基本的管道和流程的阻力在仿真计算中通常以导纳阻力系统计算，从而算出管路中流量的数值。假定管路上为湍流，则管路两端的压差决定论参数流量的值。以常数导纳描述的通过粗糙管道的湍流方程式如下。

$$F = A \times \sqrt{\rho(\Delta p + \rho g \Delta h)} \tag{2-37}$$

式中：ρ——流体密度；

g——重力常数；

Δp——上下游压差；

Δh——上下游节点的高差；

F——质量流量；

A——导纳常数。

选择用导纳代替阻力系数的原因是：对于仿真模型来说，导纳使用更方便更简单，导纳是大于等于零的值，同时，一个全关阀门的阻抗接近于无穷大。另外，导纳在流量方程中是一个单独的乘数，而阻抗和管道直径有关。用导纳 A、管道直径 D 表示阻抗 K，用导纳 A、管道直径 D 及长度 L 表示虚构的 ζ。其中 ζ 只适应于无弯头的直管道。

$$K = \frac{2}{A^2}\left(\frac{\pi D^2}{4}\right)^2 \qquad \zeta = \frac{D}{L}K \tag{2-38}$$

K 对应于流程的参数 K。一般来说，阻力系数 K 由导纳 A 计算。

2.3.2　两相水箱换热模块建模

核电站主要设备中，回热加热器、凝汽器及除氧器均处于两相热交换区工作。流体管道作为控制体，以一个简单的水箱换热结构为例，简单介绍仿真软件中如何实现两相换热。这个水箱垂直平分为 k 个相同大小的小单元格。每个单元格包括来自水箱的流体(液体、蒸汽、气体或混合物)和相邻的金属壳(图 2-5)。

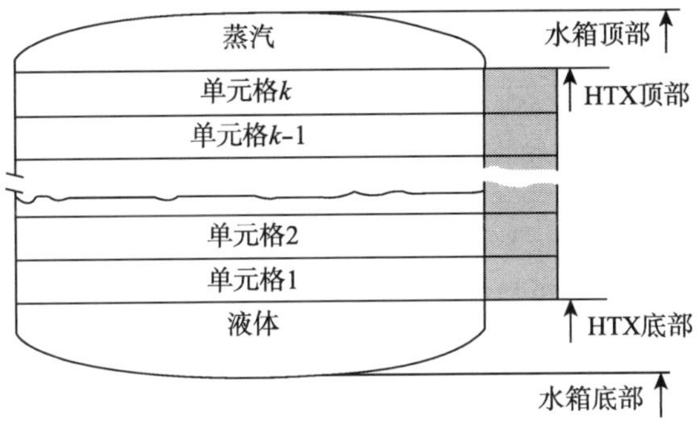

图 2-5　两相水箱的换热结构

每个单元格中充满的流体取决于单元格的位置及水箱的液位，其特性也由此可计算得到。热传递发生在金属内表面(面积 S_{inner})与流体、金属外表面(面积 S_{outer})与环境之间。两个单元格之间也会发生热传递(面积 S_x)。

流体的边界与金属面之间的总传热系数(HTC)作为整体计算得到，它包括导热系数(下标 tc)、自然对流(nc)、冷凝(cond)、膜态沸腾(film)、泡核沸腾(nucl)和辐射(rad)：

$$\alpha_{tot} = \alpha_{tc} + \alpha_{nc} + \alpha_{cond} + \alpha_{film} + \alpha_{nucl} + \alpha_{rad} \tag{2-39}$$

每种换热机制存在以下联系：

①液体和蒸汽的导热率：根据努赛尔数的定义可以得到传热系数 α_{tc}；

$$Nu = \frac{\alpha_{tc} D_{tube}}{\lambda} \tag{2-40}$$

②液体和蒸汽的自然对流：根据洛伦兹方程可以得到液体和蒸汽的换热系数 α_{ncl}、α_{ncg}。

$$Nu = 0.54 \cdot (Gr \cdot Pr)^{0.25} \tag{2-41}$$

这里 Nu(努赛尔数)、Pr(普朗特数)和 Gr(Grasshoff 数)是液体特性的无量纲产物，例如密度、比热、导热率、黏度、热膨胀系数、热交换管子的平均直径、重力常数、金属内表面与流体的温差。

$$Nu = \frac{\alpha_{tc} D_{tube}}{\lambda} \tag{2-42}$$

$$Pr = \frac{\mu \cdot c_p}{\lambda} \tag{2-43}$$

$$Gr = \frac{\beta \cdot \Delta T \cdot D_{\text{tube}}^3 \cdot g \cdot \rho^2}{\mu^2} \tag{2-44}$$

③蒸汽的冷凝：传热系数由下式计算得到

$$\alpha_{\text{cond}} = 0.728 \left[\frac{\lambda_1^3 r \cdot \rho_1 g \cdot (\rho_1 - \rho_g)}{\mu_1 \cdot \Delta T \cdot D_{\text{tube}}} \right]^{0.25} \tag{2-45}$$

热流量方程：

$$q_{\text{nucl}} = \alpha_{\text{nucl}} \Delta T \tag{2-46}$$

大于第一临界热流量

$$q_{\text{cr1}} = 0.14 r \rho_g^{0.5} \left[\sigma g (\rho_1 - \rho_g) \right]^{0.25} \tag{2-47}$$

传热机制转变成模态沸腾。

液相的膜态沸腾传热系数由下式得到：

$$\alpha_{\text{film}} = 0.728 \left[\frac{\lambda_g^3 \left(1 + \frac{c_{\text{pg}} \Delta T}{2r}\right) r \cdot \rho_g g \cdot (\rho_1 - \rho_g)}{\mu_g \cdot \Delta T \cdot D_{\text{tube}}} \right]^{0.25} \tag{2-48}$$

当热流量

$$q_{\text{film}} = \alpha_{\text{film}} \Delta T \tag{2-49}$$

小于第二临界热流量时

$$q_{\text{cr2}} = 0.9 (300 + 3.3(p - 0.1) - T_{\text{sat}}) \alpha_{\text{film}} \tag{2-50}$$

传热机制转变成泡核沸腾。

液相和气相的辐射热传递：热传递系数通过下面的线形法则得到

$$\alpha_{\text{rad}} = \sigma \varepsilon (T_{\text{inner}}^2 + T_{\text{fluid}}^2)(T_{\text{inner}} + T_{\text{fluid}}) \tag{2-51}$$

这里 $\sigma = 5.67 \cdot 10^{11}\ \text{kW}/(\text{m}^2\text{k}^4)$，是斯蒂芬玻尔兹曼常数，黑度 ε 假定为 0.5。

最后，方程可以改写为从金属内表面到流体的热流量

$$Q_{\text{inner}} = S_{\text{inner}} \alpha_{\text{tot}} (T_{\text{fluid}} - T_{\text{inner}}) \tag{2-52}$$

这个模型也考虑了从外部传递给管子的热量。结合上面提到的所有热流量，能量守恒方程的有限差分模式为：

$$\frac{m_{\text{cell}} c_m}{\tau} (T_{\text{bore},\, i}^n - T_{\text{bore},\, i}^{n-1}) = Q_{\text{inner}} - Q_{\text{outer}} + Q_{\text{bore},\, i-1} - Q_{\text{bore},\, i} + Q_{\text{ext}} \tag{2-53}$$

2.3.3 关键设备泵建模

和其他流程一样，泵有表达质量流量 F 和泵压降 Δp 之间关系的流量方程

$$\Delta P = \begin{cases} \left(\frac{v_0}{v} n^2 \Delta P_{\text{m}}\right) + \left(\frac{v}{v_0} a\right) \cdot \left[F - \left(\frac{v_0}{v} n F_{\text{m}}\right) \right], & F \leqslant F_{\text{b}} \\ \left(\frac{v_0}{v} n^2 \Delta P_{\text{m}}\right) + \left(\frac{v}{v_0} a\right) \cdot \left\{ \left[F - \left(\frac{v_0}{v} n F_{\text{m}}\right) \right]^2 + \frac{\gamma}{1-\gamma} \left[F - \left(\frac{v_0}{v} n F_{\text{b}}\right) \right]^2 \right\}, & F > F_{\text{b}} \end{cases} \tag{2-54}$$

模拟简单的二次泵特性方程用三个参数 a，F_m和 Δp 就足够了。为了模拟具有跳动的复杂泵特性曲线(例如在某一流量时泵曲线快速下降)，此工具提供了两个额外系数：F_b是泵开始跳动的流量(F_b = _ coeff6 + _ coeef2)，γ 是表示跳动曲线陡峭程度的系数(_coeef7)，数值介于 0(表示无跳变)和 1 之间(1 表示 $F=F_b$垂直跳变)。为简化模型，用下列方法进行计算_coeff1、_coeef2、_coeff3、_coeff6 和_coeff7。

这种确定泵曲线的方法使用关键点，用户输入两列数组的数据：curve_flow、curve_head 和点数 curve_n，点的数量要求大于 2，每一点的流量必须是唯一的，曲线系数用最小二乘方计算。如果点数小于 5，泵曲线大致近似为以_coeff1、_coeef2、_coeff3定义的二次方曲线；否则，曲线近似为两个二次方曲线，通过_coeff6 确定的点光滑地连接在一起。这种情况下，5 个曲线系数都要计算。泵在参考工作点的流量为_coeff5，是计算泵负荷的额定流量。因而确定泵特性曲线的第二种方法提供泵工作点的初始数据。图 2-6 列出了一台离心泵的特性和参数。

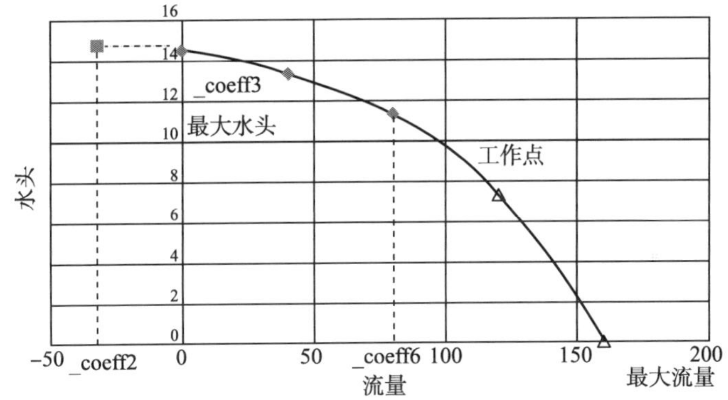

图 2-6　离心泵的特性曲线

$$W=\frac{v\cdot F_0^2}{(2F_0-F)}\cdot\frac{\Delta p}{\eta} \tag{2-55}$$

当泵用于理想气体的流网中时，如模拟风机或压气机时，使用另外的负荷方程。此方程以气体从 p_{in}、h_{in}到压力 p_{out}等熵压缩为基础。

$$W=\frac{F_0^2}{2F_0-F}\cdot\frac{h(p_{out},\ s(p_{in},\ h_{in}))-h_{in}}{\eta} \tag{2-56}$$

泵负荷计算的另一种方法是利用数组 curve_flow 和 curve_load 所确定的合适曲线。这个方法利用参数 use_load_curve = 1 来选择。当泵的抽吸压力小于 20 kPa 时泵发生汽蚀。汽蚀减小了泵的流量和压力，导致泵的喘振。

2.4 核电厂控制系统仿真建模技术

核电机组是一个庞大而复杂的系统，从自动控制的角度，可分为两大部分：其一是由蒸汽发生器、汽轮机及辅助设备构成的受控对象主系统，在核电系统中通常将其视为一层控制系统。其二是由监视、操作和控制构成的控制系统，其作用是实现对发电机组生产过程的监视与控制，在核电系统中通常将其视为二层操作系统。

目前，核电厂仿真系统的主要目的是培训运行操作人员，使其熟练掌握机组在启动、停机、正常状态和异常状态等各种工况下的监控、操作、运行和处理，这些训练都是在仿真机上通过监视和控制系统实现的。因此，控制系统的仿真与发电机组主设备和主系统的仿真同等重要，是电厂仿真系统的重要组成部分。

电厂控制系统仿真的基本任务是建立热工控制系统模型，编制相应的仿真程序，进行模型的调试和控制参数的整定。控制系统的建模和控制参数的自动整定是实现这一任务的有效手段，也是电厂控制系统仿真领域的重要研究课题。

适应电厂及其控制系统仿真向多功能方向的转变，需要对热工过程控制系统进行全仿真，建立控制系统全仿真模型。控制系统全仿真应具备以下的特点。

(1)各个环节的全方位仿真

电厂控制系统是包括若干测量、变换、控制、运算、逻辑、操作、执行等功能的综合系统，各个环节的特性与功能均应被仿真。因此，建立控制系统全仿真模型，首先要建立描述各个环节特性的仿真模块，构成控制系统仿真块库。

(2)各个系统的全范围仿真

核电机组控制系统复杂、庞大，所有的系统有三百余个，其中核电厂反应堆控制系统简称 RRC，是核电厂反应堆控制系统及其基准设计瞬态工况运行响应的最重要的闭环调节系统。

如图 2-7 所示，进行 RRC 系统的控制仿真调试需要进行各系统的参数校验及优化、单系统的闭环响应、关联运行响应、以及基准设计瞬态。在机组稳态工况下，通过人为引入设定值扰动和工况扰动，对单个控制系统闭环响应进行评价和计算，如衰减比、超调量等经典控制理论性能指标，必要时进行参数优化，确保控制稳态、快速和准确。

(3)操作界面的全尺寸仿真

控制系统与操作员之间的交互界面(如：手动控制输出、定值设置、参数显示、趋势曲线等)，不仅在功能上，而且在外观、尺寸等方面应与被仿真对象相同。

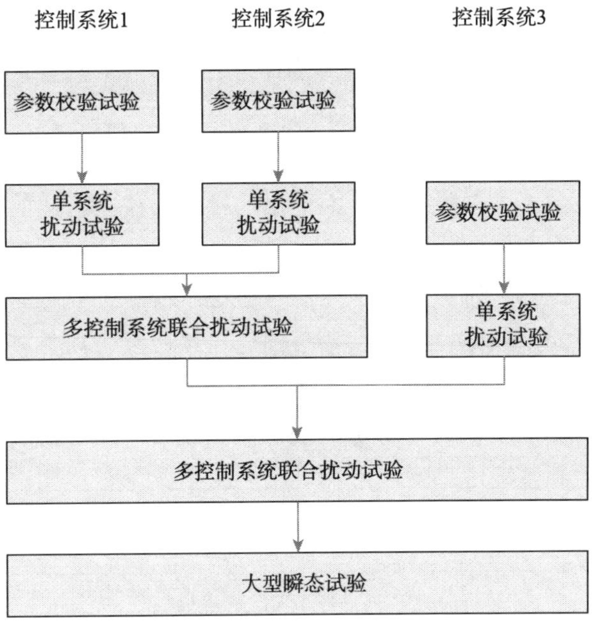

图 2-7　RRC 系统控制仿真试验及逻辑顺序

2.4.1　控制系统建模方法与建模系统

核电厂控制系统仿真模型是依据被仿对象电厂实际的逻辑和控制系统原理图编制的软件系统，它复杂、庞大且不易协调处理，采用模块化建模的方法是电厂控制系统仿真模型建立的有效途径。

所谓模块化建模方法就是将规模大、不易协调处理的大系统分解成数目合理易于处理的小系统，分别建立各自的数学模型并将它们按照对应的接口连接起来得到大系统数学模型的方法。电厂控制系统尤其是目前广泛采用的集散控制系统，本身具有大系统递阶控制的特性，受过程水平分解为若干相对独立的子控制系统，控制功能也是根据各个系统的工艺系统提资要求设计满足控制要求。

对于各子系统，无论是简单的单回路控制系统还是辅助的多回路控制系统，都是由有限的部件或设备组成的。

按分层结构组织起来的电厂控制系统，无论大系统分解，还是子系统软硬件结构，都具有模块化的结构特点。电厂控制系统仿真中，不同的控制系统功能是由逻辑控制图组态进行实现的，对于仿真机来说，是通过建立系统仿真模块与图形模块库的搭建，来实现控制功能的，如果要添加新的控制功能，也只需要添加新的模块，或者根据建立的标准图库进行功能模型搭建，无需对整个仿真软件进行大的改动。

2.4.2　控制系统仿真模块与图形模块库

仿真模块是构成控制系统仿真模型的集成单元，对构成实际控制系统的部件或设备，按一定的建模理论和物理规律反映其特性与功能的数学模型。仿真模块实现与实际部件、设备或软件功能块同样的功能，具有与之相同的动态特性。模块之间只有信号的传递关系，没有其他参量的相互关联或影响，在建立某一个控制系统的模型时，就只需要模块之间的信号传递关系。控制系统仿真模块比较简单，但种类多，数量大。本节主要讨论电厂控制系统全仿真模型中常用的模块。控制系统的仿真模块分为两大类：基本功能块和复合功能模块。基本功能块模块与实际控制功能相对应，如信号变换、算术运算、逻辑运算、函数运算、控制算法等。物理上分离而构筑系统时密不可分的若干基本环节及使用频率高的某些环节组合，构成复合功能模块，如控制器，执行器等。

为便于图形化自动建模，通常将仿真模块以图形表示，即模块的图形化。全部仿真模块的集合构成控制系统仿真的图形模块库。表 2-1 ~ 表 2-3 列出典型的控制系统仿真图形模块的主要信息。

表 2-1　基本功能模块表

序号	名称	功能描述
1	AND	与门，输出端 Q 在所有的输入端都为 1 的时候才等于 1，置空的输入端信号默认为 1
2	OR	或门，当输入端至少有一个等于 1 时，输出端 Q 等于 1。未连接的输入端默认为 0
3	NEG	非门，输出端 Q 等于输入端 I 的取反后的值
4	BCON	开关量常量，输出端 Q 一直等于参数 C
5	BO	开关量输出
6	BXofY	逻辑阈值计算，该模块用来监测开关量输入为 1 的通道个数与设定个数 MIN I 的比较，如果为 1 的通道个数不少于所设定的个数 MIN I，则输出 Q=1，否则 Q=0
7	PULSE_R	脉冲触发器，该模块通过输入信号上升沿触发，输出端 Q 随之输出信号 1。待一个 T 时间之后，模块输出端 Q 复位为 0
8	RS1	复位优先触发器，复位优先的触发器功能
9	RS2	Z 触发器，脉冲触发，复位优先
10	RS3	置位优先触发器

表 2-2　RPS 系统专有基本功能模块表

序号	名称	功能描述
1	m/n	符合逻辑，m/n 符合逻辑，当 n 个输入中有 m 个为 1 时，输出为 1

续表

序号	名称	功能描述
2	RS4	置位优先 RS 触发器
3	RS5	复位优先 RS 触发器
4	RS6	脉冲型 RS 触发器
5	RS7	翻转型 RS 触发器
6	TS	脉冲转换，将输入的电平信号转换为 t s 的脉冲信号，默认为 1 s
7	PID2	脉冲式电动调节阀 PID 控制器，将工艺参数的偏差，通过 PID 控制器，转换为开关脉冲信号
8	INa/b	模拟量切换，当 N 通道条件 INb=1 时，切换至相应模拟量通路 N。所有通路条件为 0 时，输出故障状态。按通路数字大小优先级依次降低，当多路条件有效时，输出为优先通道
9	ME	模拟量记忆： (1)初始输出 O 为 0 (2)当触发条件 T 为 0 时，O 为上一周期的值 (3)当触发条件 T 为 1 时，并且输入 I 为有效值时，输出 O 为输入 I 的值
10	SW2	模拟量切换，当 $T=0$ 时，O=I1b 当 $T=1$ 时，O=I1a
11	VOTER2	模拟量 VOTER，上部输入条件为 I1…IN，输出为 O，模式通过备注说明 MAX、MIN、2MAX、2MIN

表 2-3　特殊功能模块表

序号	名称	功能描述
1	Psp	SG 压降定值计算
2	QTH	堆芯功率计算
3	Psat	Psat 函数
4	SAB	SAB 压升阈值计算
5	L MAX0	SG 水位 MAX0 阈值计算
6	Psp VDA	VDA 压力阈值计算
7	RTD	RTD 修正函数
8	TNR	热管段温度计算

续表

序号	名称	功能描述
9	Psele	NR/WR 选择函数
10	PID	PID 控制器

2.4.3 典型控制系统建模实例

反应堆保护系统的功能是保护三大核安全屏障(燃料包壳、一回路压力边界和安全壳)的完整性。当运行参数达到危及三大屏障完整性的阈值时，保护系统触发反应堆紧急停堆，并在必要的情况下启动专设安全系统。反应堆保护系统是核电厂的屏障，所以对该系统进行仿真模拟对核电厂的安全运行有重要的意义。

仿真软件的逻辑和控制工具能够用元件、连线和边界等工具组态出直观的逻辑控制图。逻辑控制页使用两步方案，首先识别输出边界，然后计算元件输出值。链接把计算值从该元件输出端传到与其连接的元件的输入端，按照这种传输法则继续计算下一个元件的输出，直到找到参数确定的输入值为止。

逻辑工具可以模拟不同的逻辑方案以实现电厂设备的运行。这样可以方便地模拟不同的保护方案、联锁和其他逻辑方案。基于仿真软件面向对象的仿真方法，逻辑工具简化了创建仿真图的流程，消除直接用电站逻辑方案编码的必要性，从而减少错误的数量。所有的仿真逻辑网络内部的每个逻辑单元的参数值都可以在仿真软件图形工程师站(GES)对象参数窗中查看，这种对象参数窗式可以按照用户要求定制的。这样可以方便地跟踪在方案设计中可能出现的错误。

仿真软件逻辑工具包括：

(1)预定义了逻辑元件(图标)模拟图和逻辑图及其组合。

(2)任务来计算状态和与它相关联的所有图标的属性。

(3)对逻辑网络图结构针对每一个输入逐步进行求解，直到网络中每个元件的所有参数均得到了正确的运算为止。

(4)接口图标履行与其他系统的接口的功能。

(5)预定义传递类连接线，可以实现所有逻辑工具创建的图标之间的连接。

控制系统建模为了保证与控制设计图一致性，开发了导图工具，可以将设计 CAD 图文件直接转换成模型文件，转换完成后，需对照逻辑图进行一致性检查。并输入各逻辑模块定值。完成反应堆保护系统的建模工作。

在收集了充足的设计输入资料并消化、吸收、鉴别后，下一步即可开展系统逻辑图的建模工作。

逻辑图的建模工具使用仿真软件中的仪控模块建模。建模顺序如下：首先是基本控制模块开发，然后是 RPS 系统的专有控制模块开发，模块测试通过后，开发了逻辑图绘图工具到仿真软件控制模块的转图工具进行转换，再进行一致性检查，输入定值。

开发控制模块主要包括下列内容：

(1)定义模块图符，包括输入输出的引脚位置信息。

(2)定义模块名称，与基本功能模块说明名称一致。

(3)定义输入：输入变量名称，描述，初始值。

(4)定义输出值：输出变量名称，描述，初始值。

(5)定义参数：参数变量，描述，初始值。

(6)使用 C++根据说明书开发模块功能。

(7)生成可执行程序。

(8)测试控制模块符合控制功能要求。

控制图的开发主要采用转化方式，在开发完控制模块后，制定转换规则，开发转换工具，可直接将设计者设计的图文件直接转换为仿真软件控制模块软件可使用的模型文件。

控制图转换的关键是转换工具，控制逻辑图库是专门开发定制的 CAD，其规则可识别，转换工具根据 DXF 文件格式进行分组识别，读取其中的组信息。然后采用配置信息规律的方式获取所有的 CAD 图中设计信息内容。并将其转换成模型文件。其设计信息识别流程如图 2-8 所示。

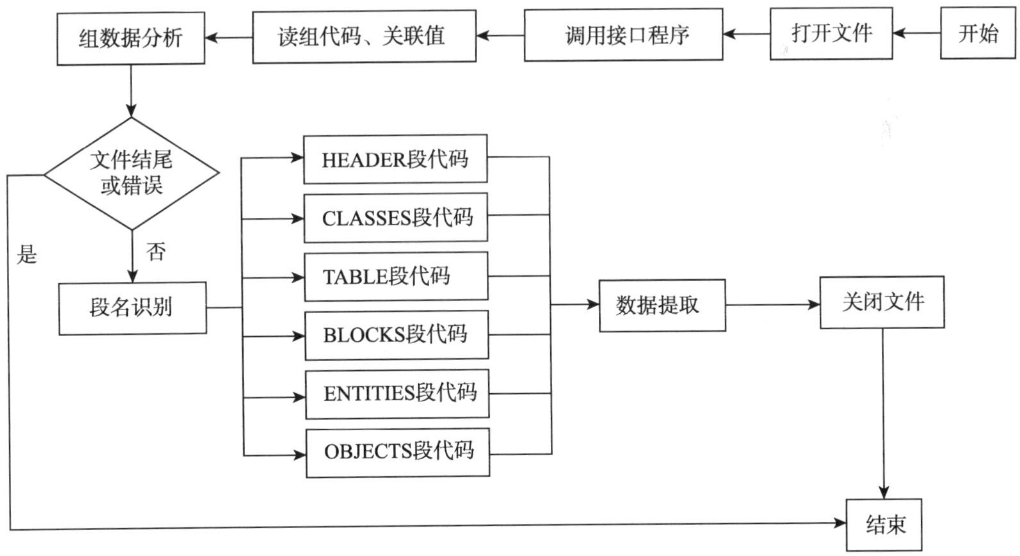

图 2-8　设计信息识别流程图

通过控制工具进行 CAD 控制逻辑图转换操作，得到 RPS 控制模型文件。控制功能模块、CAD 设计图转换为模型文件流程如图 2-9 所示。

控制逻辑图完成转化后需要将其活化，使模型能够动态运行调试，完成仿真运算过程。动态调试首先要选中整个 RPS 系统模型文件，右键单击使用“update”命令，选

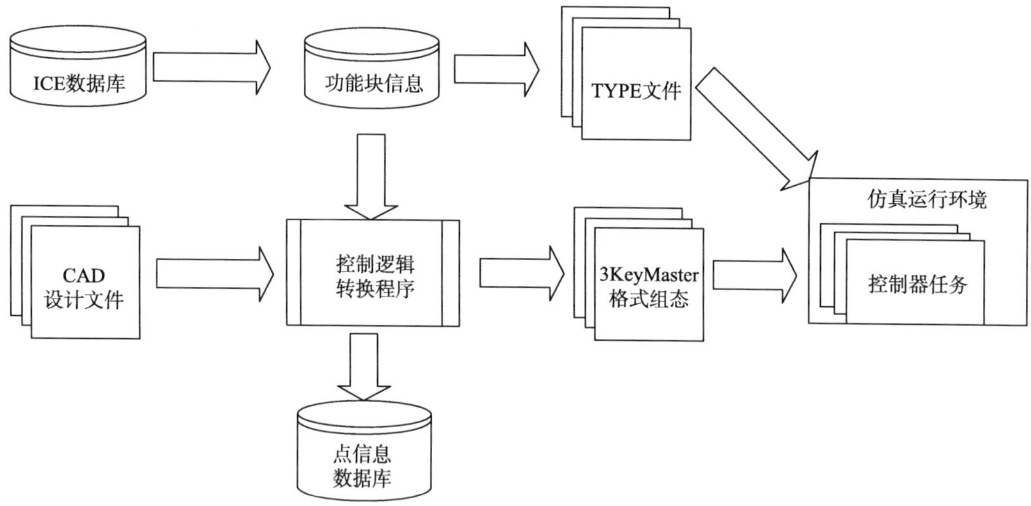

图 2-9　控制图转换开发示意图

择“page”选项，整体激活每页模型。然后点击“load”按键进行动态模型生成。在系统检查没有模块类型、命名、连接线等冲突后，会成功进入调试模式。

进入调试模式后，选取一个初始工况，进行赋值操作，具体分为：

(1)模块中的输入变量和参数。模块中的输入变量和参数此时都是默认值，需要对每一个变量根据选取的初始工况所需的状态赋值，一般而言，初始工况为稳态满负荷工况。

(2)CLD 逻辑图中所标注参数。对 CLD 逻辑图中所标注参数对进行赋值，如脉冲时间、延时时间、常数、加减特性、特定参数等。

(3)定值清单数据。根据设定值手册设置对应模块的阈值、回差、函数曲线、时间参数、特殊模块参数等定值。定值清单中数据对 RPS 系统极为重要，尤其是阈值和 GD 曲线，牵涉到 RPS 系统是否能正常动作。这部分工作量较大，需要耐心和细心。

制作系统工况文件。上述工作完成后，首先存储类型为常数的参数，然后存储系统“BOOK IC”文件。完成 RPS 系统工况文件制作。

制作与其他系统连接的通讯文件。RPS 系统作为保护系统，与其他系统如 RCP、RCV、RGL、RPN、GRE、GSE、GCT、ARE 等系统有许多接口，这些接口有些通过输入输出转接号直接连接；有些是从其他系统的传感器输入到 RPS 系统，RPS 系统的信号输出至设备执行机构，需要通讯文件将这些信号连接。在模拟机中，使用 RPS_Input. ass 文件进行连接，文件格式：首列为其他系统模型传递至 RPS 系统的仪表名称变量，第二列为 RPS 系统模型接收的变量名称，第三列用双斜杠分开，作为注释。列与列之间需用 Tab 键隔开，注意文件的第一行不要写通讯内容，一般写系统名称进行注释或直接空行，否则该通讯文件不被激活。具体格式如图 2-10 所示。

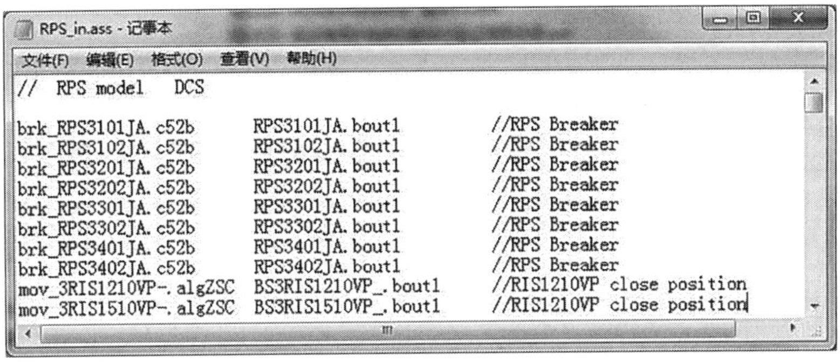

图 2-10　通信文件格式示意图

动态验证在项目工程模拟机上进行。首先点击可执行程序，启动仿真软件。软件界面出现后，点击“加载”按键进行模型数据创建，数据创建完成后，再进行模型各任务模块初始化，完成后，进入调试软件运行状态。

2.5 核电厂电气系统仿真建模技术与方法

电气系统是整个核电厂系统的重要组成部分。在核电厂仿真系统中，电气系统的核心部分根据高压电网、发电机组、电力负荷以及抵押电网四部分的仿真计算。这些模型也通常由不同的图形化模块(例如发电机模块、电动机模块、变压器模块等)构成，每个图形化模块内嵌一个对应的数学仿真模型，各个模块之间通过接点或连线相互作用形成整个电网。

2.5.1 电网节点电流方程

设电力网络具有 $n+1$ 个节点($i=0$, 1, 2, …, n)，其中节点 0 作为基准节点，一般取接地节点为节点 0，且其电压为 0；其他节点电压都是相对接地电压而言的。在稳态运行下，根据基尔霍夫电流定律，有：节点电流方程$[Y]*[V]=[I]$

$[Y]$——节点导纳矩阵；

$[V]$——节点电压列向量；

$[I]$——注入电流列向量。

为了便于模型计算，在直角坐标系内引入复变量。

导纳 $Y=Y'+jY''$

电压 $V=V'+jV''$

电流 $I=I'+jI''$

功率 $S=V*I^*=(V'+jV'')*(I'-jI'')=P+jQ$

S——视在功率；P——有功功率；Q——无功功率。

电力系统参数的归算有两种类型：有名制和标么制。有名制即实际值的计算，根据电力网络的拓扑结构，运用相关的电路理论及方法进行计算分析。优点是模型的物理意义明确，计算结果一目了然，缺点是各电气参数在各电压等级下呈现出不同的数值，需进行大量的统一换算，工作量大。标么制是相对值的计算，标么制归算中引入平均额定电压的概念后，可使多电压级电力系统的归算大为简化。标么值=实际值/基准值。

基准值的选择，在满足基准值与有名值同单位，符合电路基本关系的前提下，原则上可以是任意的。当选择线电压、线电流、每相阻抗、三相功率为基准值，则这些基准值之间应有如下关系：

$$S_{base} = \sqrt{3}\, U_{base}\, I_{base} \tag{2-57}$$

$$U_{base} = \sqrt{3}\, Z_{base}\, I_{base} \tag{2-58}$$

$$Z_{base} = \frac{1}{Y_{base}} \tag{2-59}$$

2.5.2 常用电气系统模型

(1)发电机稳态及暂态运行模型

发电机稳态运行时主要参数之间的对应关系可由稳态相连图 2-11 得出。

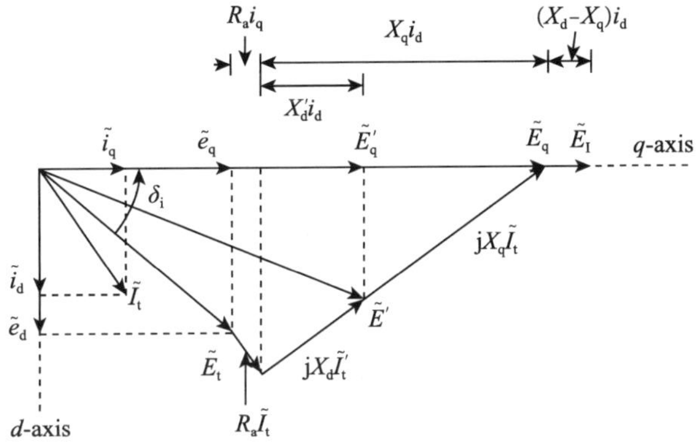

图 2-11　发电机模型

功率与电压、电流关系 $S=P+jQ=\widetilde{E}_t\times\widetilde{I}_t^* = |E_t|\,|I_t|\,(\cos\phi+j\sin\phi)$。

一般地，端部有功功率 P_t 和无功功率 Q_t 和电压幅值 E_t 是给定的。相应的端电流 I_t 和功率因数角计算如下：

端电流：$I_t = \sqrt{P_t^2 + Q_t^2} / E_t$

功率因数角：$\phi = \cos^{-1}[P_t / E_t I_t]$

内转子角：$\delta_i = \tan^{-1}[(X_q I_t\cos\phi - R_a I_t\sin\phi)/(E_t + R_a I_t\cos\phi + X_q I_t\sin\phi)]$

定子电压 d 分量：$e_d = E_t\sin\delta_i$

定子电流 q 分量：$e_q = E_t\cos\delta_i$

定子电流 d 分量：$i_d = I_t\sin(\delta_i + \phi)$

定子电流 q 分量：$i_q = I_t\cos(\delta_i + \phi)$

当发电机组内经历暂态过程，如开机、并网、加减负荷、解列等运行过程和突然短路、误同期合闸、异步运行等事故时，需要考虑发电机的暂态特性。为此，需要一组用于暂态计算的电机参数。常用的电机参数及物理含义见表 2-4。常见简化暂态系数电路如图 2-12 所示。

表 2-4　常用的电机参数表

参数		说明	水电机组	火电/核电机组
同步电抗	X_d	稳态时的直轴运算电抗/Ω	0.6~1.5	1.0~2.3
	X_q	稳态时的交轴运算电抗/Ω	0.4~1.0	1.0~2.3
暂态电抗	X'_d	直流阻尼支路开路励磁支路短路时的直流运算电抗/Ω	0.2~0.5	0.15~0.4
	X'_q	交流暂态电抗/Ω	—	0.3~1.0
暂态开路时间常数	T'_{d0}	定子 d 轴支路和直轴阻尼支路都开路时的时间常数/s	1.5~9.0	3.0~10.0
定子漏电抗	X_l	定子绕组漏电抗/Ω	0.1~0.2	0.1~0.2
定子电阻	R_a	定子绕组电阻/Ω	0.002~0.02	0.001 5~0.005

注：参数通常由厂家提供。

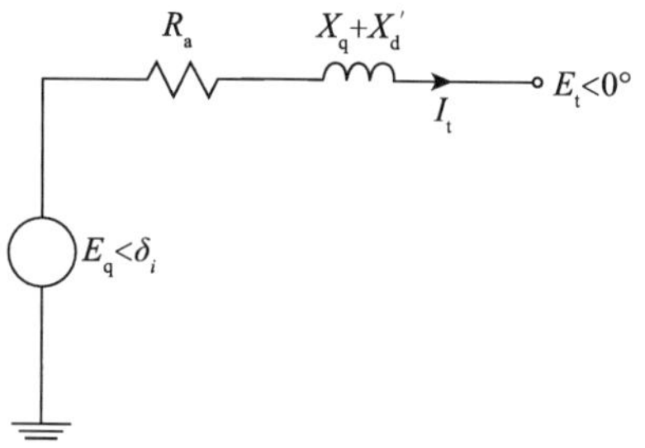

图 2-12　简化暂态等效电路

(2)励磁系统模型

励磁系统的基本功能是给同步电机磁场绕组提供直流电流；通过控制磁场电压并随之控制磁场电流，完成控制和保护功能。

在仿真软件中，励磁系统模型利用 PID 控制器控制磁场电压，选择无功功率作为负载补偿。加入负载补偿器影响滤波后的端电压信号与参考信号比较，参考信号表示端电压的理想整定值，选择等效电压调节器的参考信号 U_{REF}，以满足初始运行条件。其中端电压与无功功率的函数关系式可由图 2-13~图 2-14 及参数 droop 来衡量。

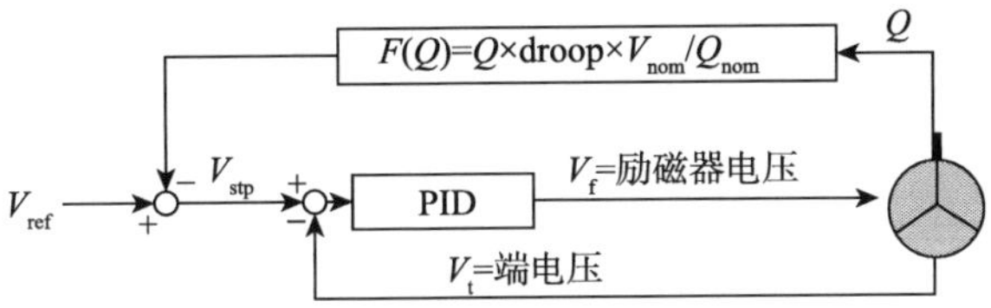

图 2-13　励磁系统模型

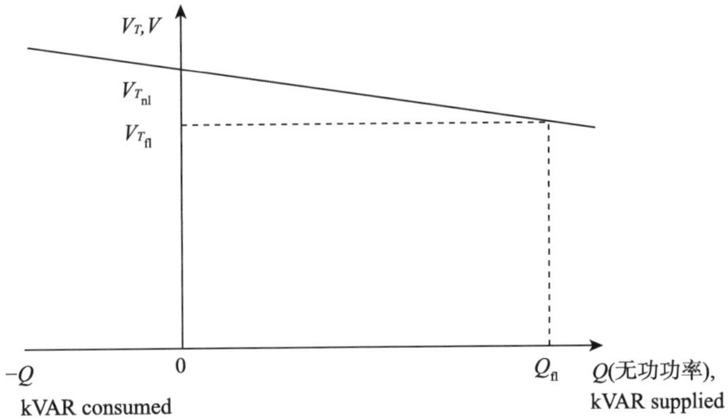

图 2-14　droop_ mode 参数曲线

（3）原动机调速系统模型

模型通过 PID 控制器控制汽轮机或柴油发电机的转速，分手动和自动两种升速模式。PID 控制器的原理详见励磁系统。手动模式下，二进制输入值直接驱动控制器。自动模式下，输出被驱动，用来补偿实际转速与整定值的差值。图 2-15 展示的是原动机模型的示意图。

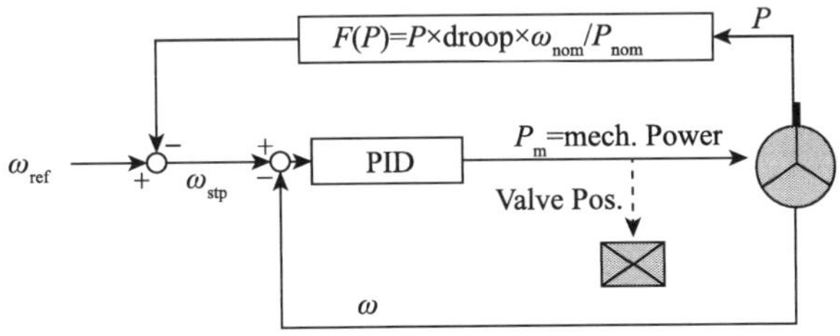

图 2-15　原动机模型示意图

频率与有功功率的关系可由图 2-16 及参数 droop 来衡量。

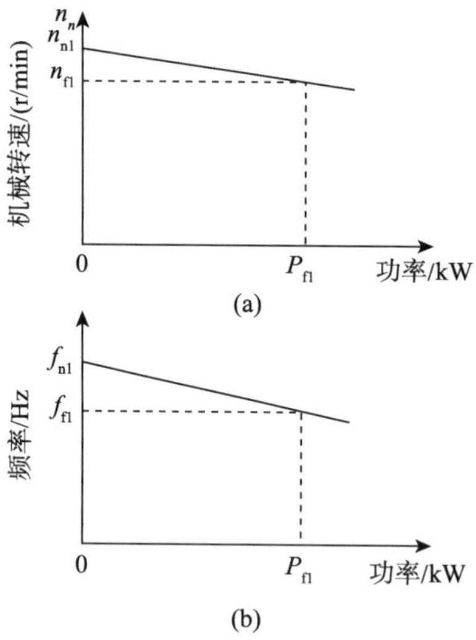

图 2-16 原动机速度的控制

(4)变压器模型

变压器包括双绕组、三相绕组变压器。三相变压器也是对称电路，因此它的等值电路及参数只用一相表示即可。变压器模型的等效电路如图 2-17 所示。

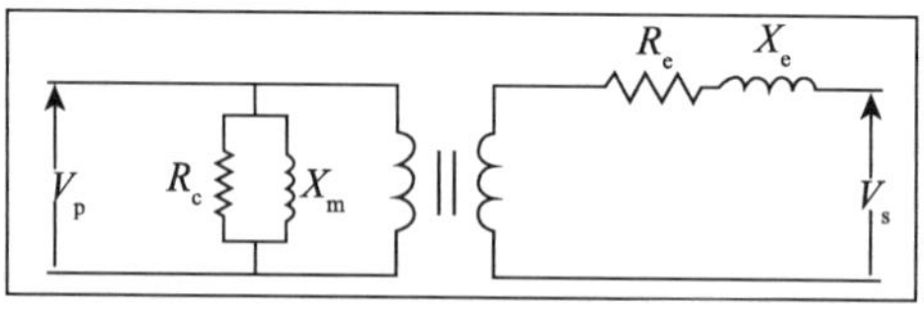

图 2-17 两相绕组变压器模型的等效电路

图中，R_e——二次侧等效绕组电阻；

X_e——二次侧等效绕组漏电抗；

R_c——一次侧绕组电阻；

X_m——一次侧绕组漏电抗。

在数字计算机分析中，通常将上述等值电路简化为 π 形网络形式，如图 2-18 所示。

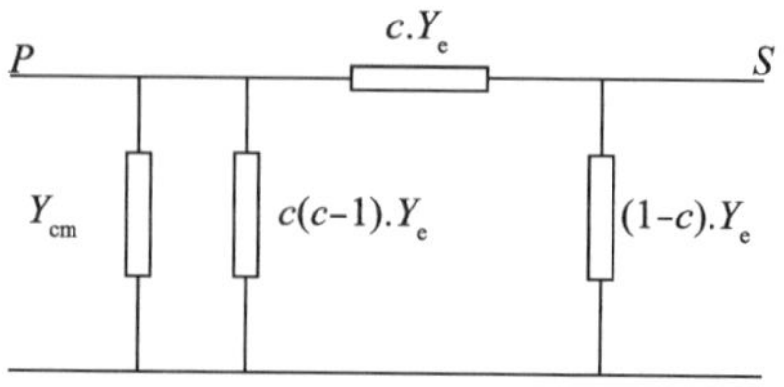

图 2-18 变压器等效的 π 形电路

根据电路基本原理有

变压器计算公式：

$$Y_e = \frac{1}{Z_e} = 1/(R_e + jX_e) \tag{2-60}$$

$$Y_{cm} = \frac{1}{Z_{cm}} = 1/(R_e + jX_m) \tag{2-61}$$

$$c = 1/n = n_s/n_p \tag{2-62}$$

其中：n_s——二次侧的标称匝数；

n_p——一次侧的标称匝数。

(5)静态负荷模型

静态负荷模型通常用代数方程描述，一般用于静态仿真，如潮流计算和静态电压稳定性分析。

静态负荷计算公式：

$$P_{load} = P_{nom} \times [a_0 + a_1 \cdot V/V_{nom} + a_2 \cdot (V/V_{nom})^2] \tag{2-63}$$

$$Q_{load} = Q_{nom} \times [b_0 + b_1 \cdot V/V_{nom} + b_2 \cdot (V/V_{nom})^2] \tag{2-64}$$

其中：P_{load}、Q_{load}——负荷有功功率、无功功率；

P_{nom}、Q_{nom}——负荷额定有功功率、额定无功功率；

V、V_{nom}——负荷电压、额定电压；

a_0、a_1、a_2、b_0、b_1、b_2——统计得出的模型参数。

通常将上述模型中的电压二次项称为恒定阻抗负荷，电压一次项称为恒定电流负荷，电压零次项称为恒定功率负荷，且有 $a_0+a_1+a_2=1$；b_0、b_1、b_2则对应无功功率，其意义与 a_0、a_1、a_2类同。

静态负荷节点的电流、电压可按照电网节点电流、电压方程进行计算。

(6)电动机模型

感应电动机模型模拟了电动机电流、转矩与转速之间的机械特性，如图 2-19～图 2-20 所示。

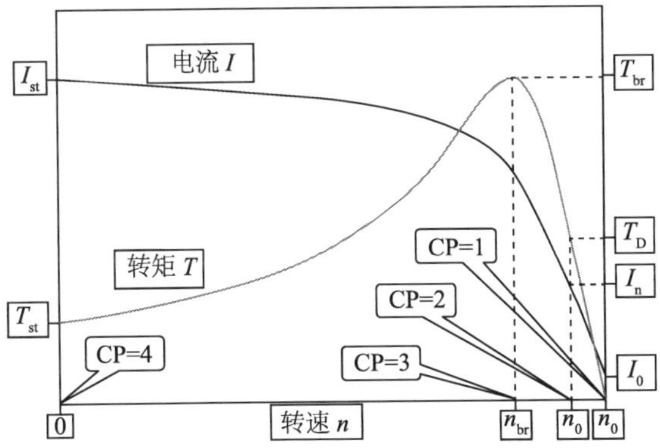

图 2-19　电动机机械特性

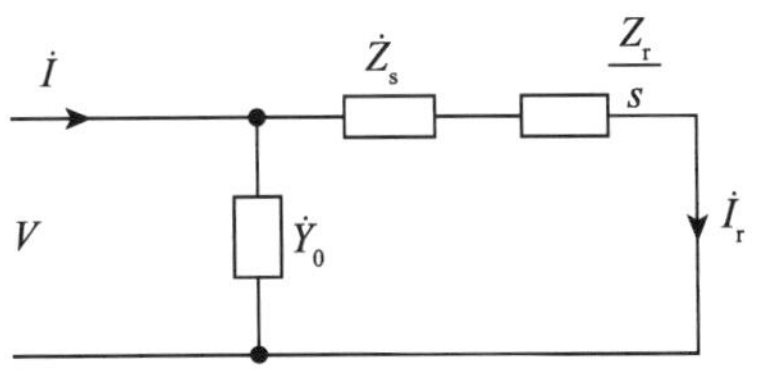

图 2-20　感应电动机模型的等效电路

感应电动机模型的等效电路如图 2-20 所示。

根据基本电路原理，有

电动机电流方程：

$$\tilde{I} = [\tilde{Y}_0 + 1/(\tilde{Z}_r/s + \tilde{Z}_s)] \times V/\sqrt{3} \tag{2-65}$$

电动机转矩方程：

$$T = (1/\omega) \times V^2 \times R_e \times (\tilde{Z}_r/s)/(|\tilde{Z}_r/s + \tilde{Z}_s|^2) \tag{2-66}$$

式中：V——相电压；T——电磁转矩。

$\tilde{Z}_s = R_s + jX_s$，定子阻抗；R_s——定子电阻，X_s——定子漏电抗。

$\tilde{Z}_r = R_r + jX_r$，转子阻抗；R_r——转子电阻，X_r——转子漏电抗。

$\tilde{Y}_0 = G_0 + jB_0$，气隙导纳；G_0——芯电导，B_0——芯电纳。

$s = 1 - (n/n_0)$，s——电动机转差。

ω——转子角速度，rad/s。

转子的加速度方程为：

$$J d\omega_m/\mathrm{d}t = T_e - T_m - T_l \tag{2-67}$$

式中：J——转子及连接负载的转动惯量；

ω_m——机械角速度；

T_e——电磁转矩；

T_m——机械转矩；

T_l——损失转矩。

2.6　核电厂人机界面仿真实现

核电厂人机界面功能主要包括显示画面（电厂过程控制画面、电厂过程监视画面、设备状态监视画面、综合信分解画面、自动诊断状态画面、自动诊断分解画面、自动序列监视画面、电厂总体概貌画面、值长、机组长、安工专用画面）、报警功能（报警卡、报警抑制等）和运行规程（系统运行规程、总体运行规程、事故运行规程）通过操纵员工作站和辅助控制盘的屏幕显示、数字化报警管理、数字化操作单、提供的平台级软件功能，这些功能通常会受到人机界面设备供应商平台条件的限制，需满足人机界面供应商的格式要求，而采用仿真的方法实现人机界面功能仅限基于仿真平台的功能对人机界面的显示画面、报警、规程等功能可以满足运行功能即可。

2.6.1　仿真模块功能分析

分析开发模块类型需要按照设备、显示画面、执行器、报警功能、数字化规程等内容根据技术规范及 DCS 厂家需求规范书进行对应的功能开发。主要开发工作包括设备模块开发、显示画面开发和图形界面组织及导航方式开发三部分内容，仿真平台上的操作界面功能同样需要具备与 DCS 实现相同的功能。

（1）设备模块开发。主要包括两部分：

1）静态部分：包含描述设备的基本信息（名称、标签、位置、分区等）。相关的说明书中会定义具体模板后在 DCS 系统中实现；

2）动态部分：包括对应设备动态信息（故障、限值、状态等），如可以通过操作和指示的详细窗口访问详细窗口。

所有的动态设备（包括可操图符、不可操作图符、无操作图符）在弹出窗口中均应包含技术数据单。

（2）显示画面开发。据其人机界面图形组织结构不同分为了两大类两部分：

1）过程显示画面：这类画面显示和工艺过程相关（状态和命令显示画面），此类连接典型信息如下：

①显示传感器值；

②显示设备状态；

③显示命令反馈信息；

④显示计算结果（综合信息）；

⑤运行执行器自动执行序列的命令。

2）操作指示数据单（报警卡和运行规程）：此类图形界面和上面的主要区别在于不

和具体工艺过程相连。所包含的操作指示不完全根据工艺过程状态，且不能通过数据单向工艺过程发生指令。

(3)图形界面组织及导航方式开发

完成一个具体的操作活动，操纵员至少需要状态显示画面，命令显示画面，操作指示数据单三个图形显示画面。因此，为了完成指定的任务，操纵员需要通过界面提供的导航收到通过不同的图形界面获取所需要的信息。该功能要通过图形显示界面的导航方式来实现，仿真平台需要针对该功能进行开发。

1)报警功能开发

报警功能作为人机界面功能的重要组成部分已经成为 DCS 系统的标准功能，在仿真平台上进行报警功能的验证需要进行大量的开发工作，主要包括：

报警定义、报警处理、报警分级、报警表达、报警管理功能的开发。

2)规程功能开发

基于仿真平台的报警功能开发主要是将规程文件(系统规程、总体规程和事故规程)进行数字化转换，按照《数字化规程设计规范》主要实现规程操作功能，需求主要包括：不同索引调用，导航链接调用以及页面切换等功能

以单击集成设定值连续控制性图符为例，需对图符面板上规定的 23 项功能进行开发：

①PV 过程值(被调量)；

②SP 过程设定值输入(有效设定值)；

③DV 偏差值(设定值与测量值的偏差：(SP-PV)/(PVU-PVD) * 100%)；

④MV 有效阀位输出值(速率限制之后值)；

⑤LV 实际阀位开度值(如没有实际阀位反馈时，此项自动隐藏)；

⑥M 切换手动按钮；

⑦A 切换自动按钮；

⑧快减脉冲按钮；

⑨慢减脉冲按钮；

⑩慢增脉冲按钮；

⑪快增脉冲按钮；

⑫脉冲方式选择；

⑬手自动方式显示；

⑭象形图符(设备状态显示)；

⑮PV 过程值(被调量)；

⑯SV 过程设定值输出；

⑰ESP 外给定值(如没有外给定值时，此项自动隐藏)；

⑱DEP 外给定值偏差；

⑲In 切换内给定按钮(如没有内给定值时，此项自动隐藏)；

⑳Ex 切换外给定按钮(如没有外给定值时，此项自动隐藏)；

㉑设定值图符状态显示；

㉒内外给定状态显示(如没有外给定值时，此项自动隐藏)；

㉓MV 设定并显示阀位目标值、SP 设定并显示设定目标值。

2.6.2　人机界面功能动态实现

人机界面功能动态响应，主要是通过通讯程序来实现的，为了使零层、一层、二层实现对应关系，首先要针对各层之间转化的接口规则。

具体流程如下：

(1)确定逻辑功能块命名规则，确定不同类型对象的命名方法，并通过程序自动识别并生成功能块的名称。命名规则流水号的确定与系统名相关，以防止多次转换造成的命名冲突问题。

(2)构建了动态功能块，在进行转换时自动生成相应的信息用于动态显示连接信息的状态。

(3)开发转换模块，将二进制文件全部转换成 DXF 文本格式，并通过识别程序读取文本的内容达到识别设计信息的目的。

相关规则的细节要求如下。

(1)命名规则

1)逻辑层、画面层点名总体命名规则如下：【点名前缀】【机组号】【系统名】【ID 号】【设备类型】。信息从设计图纸或者其他信息中获取。

2)中间计算功能块(即内部点，如或门等)由于不参与通讯，其名称采用【功能块类型名】加流水号的规则命名。

3)控制层内部不同控制页之间的信号，按照【系统名】【SH】【页码】【输入输出 ID 号】规则命令。页码为 4 位数字。

4)过程模型与仪控层允许采用不同的命名方式。

5)命名中包含有横杠字符的统一转换成下划线，其中逻辑层点名带下划线，画面层点需要去掉下划线。

6)逻辑层到画面层 KIC 对象按 I/O 清单命名(其中点名需要添加扩展名)。

7)画面层到控制层的信号按照 I/O 清单设备名加上名字后缀的方式命名，名字后缀暂定为“KIC”。

(2)各层分工，主要指 LEVEL0，LEVEL2，LEVEL2 层

1)画面层负责所有画面显示功能，其中超量程判断逻辑由于在 Level1 中没有，暂定在 Level2 层实现。

2)Level2 数据字典尽量使用现有 DCS 数据定义格式，保留各数据项定义，模拟量均以 AVI8(高低限值均有 4 个)定义，开关量为 DVI2(具备报警值)。

3)画面层提供信号脉冲、电平切换接口以允许手工进行信号类型修改。

4)需要考虑定值手册内的数据，提供接口手工把定制手册内的定值数据输入，用于确定变量的高低限值。

5)仪控层需提供设计图纸上的功能块外还需额外添加驱动功能块以实现信号优选功能。

6)过程模型需要通过执行机构获取相应的开、关、调节命令，但执行机构反馈需要通过原图进行对点。

(3)通信方式

1)仪控层与过程模型通信过程采用手工对点的方式进行。

2)驱动块信息采用打包的形式与二层进行通信。

驱动块的指令命名尽量统一，例如统一以 ON/OFF 表示开关，通过统一命名进行驱动指令下达。根据通信规则制定点表文件实现各层通信的结构文件结构如图 2-21 所示。

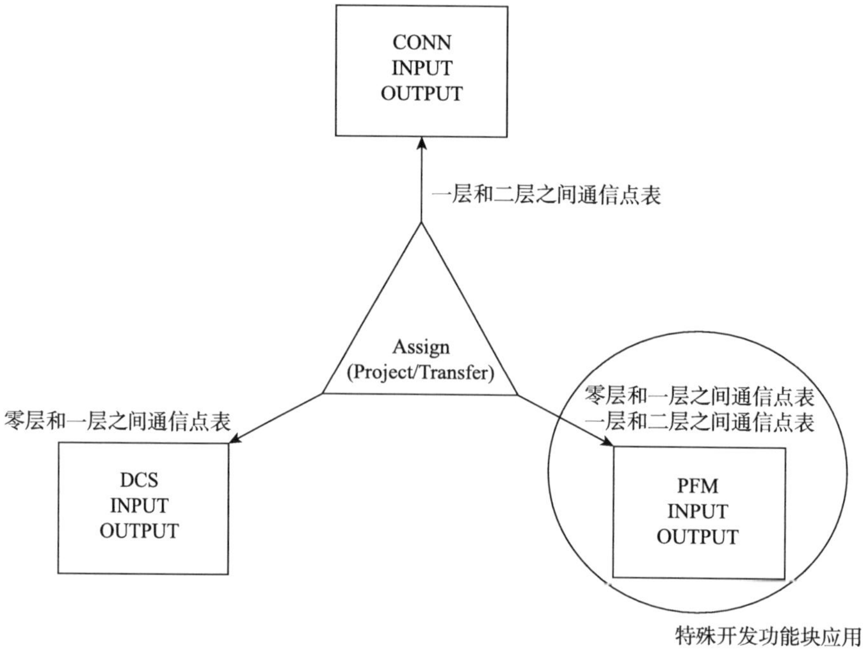

图 2-21　仿真验证平台通信点表结构图

2.7　小结

仿真建模是核电数字化仪控系统仿真验证技术的基础，本章节介绍了国内外现有的应用于核电厂仿真验证工作的仿真软件及技术。阐述了仿真建模的基本理论，包括核电厂一回路堆芯建模、热工水力建模、工艺系统建模以及电气系统模型，重点讲述了核电数字化仪控系统的仿真建模及人机界面接口的仿真功能实现过程并通过系统模型建模实例讲述了基于图形化建模方式的建模软件的具体建模方法。

参考文献

[1] 王红卫. 建模与仿真. 科学出版社，2002.

[2] 廖伯瑜，周新民. 现代机械动力学及其工程应用. 机械工业出版社，2004.

[3] 王乘，周均清，李利军. 21 世纪高等学校虚拟仿真技术系列教材. CREATOR 可视化仿真建模技术. 华中科技大学出版社，2005.

[4] 吕崇德. 大型火电机组系统仿真与建模. 清华大学出版社，2002.

第3章 系统验证技术

数字化仪控系统是核电厂的中枢神经，是确保核电厂安全可靠运行的关键部分。目前核电厂仪控系统从传统模拟系统转化为数字化系统，其在核电厂中日益广泛的应用，其对于核电厂安全的作用也越来越重要。数字化仪控系统不但可以用于安全重要的有关系统（例如过程控制和监测系统的某些功能），更可应用于安全系统（例如核反应堆保护或安全设施的驱动），在设计基准事故期间及之后用来完成反应堆紧急停堆、堆芯冷却和余热排出等功能，对确保核电厂的安全运行起着至关重要的作用。因此核电厂基于计算机的数字化仪控系统的可信度应该首先被关注并予以保证。为了达到数字化仪控系统的安全、可靠，必须对数字化仪控系统软件执行严格的、贯穿全生命周期的验证与确认（Verification & Validation，V&V）。

3.1　验证法规标准

在核电厂仪控系统的数字化过程中，只有建立了法规和标准的层次体系才能把各种法规和标准的使用效力规范化，才能更好地使用法规标准。一些核电发达国家陆续提出一些重要的与 V&V 相关的标准或规范，并为核安全级系统软件的 V&V 提供了指导。目前国际上可用于指导核电厂用系统软件开发和 V&V 的标准或法规主要来自 IEC 国际标准、IAEA 有关导则、美国 NRC 的法规导则、美国 IEEE 标准。世界各国的法规和标准，无论其自己建立或者直接引用国际法规标准都有自己的体系。我国根据 IAEA 和 IEC 的有关法规、导则及标准，初步建立了核电厂安全重要系统相关设计、软件验证与确认的法规、导则和标准，尚需根据工程实践不断积累、完善。

3.1.1　验证与确认定义

验证和确认作为两个分立的过程，由国际标准化委员会在 ISO 8402：1994《质量管理和质量保证》中提出，随后 ISO/IEC 12207：1995《软件生命周期过程》将验证和确认过程应用于软件生命周期。我国核安全导则 HAD 102/16《核动力厂基于计算机的安全重要系统软件》中，对 V&V 的定义如图 3-1 所示。

根据 IEC 60880：2006《核电厂安全重要仪控系统执行 A 类功能的计算机软件》的定义，验证是通过检查和提供客观证据，证实该过程某种活动的结果是否符合此活动规定的目标和需求；系统确认（即仪控系统的确认）是通过检查和提供其他证据，证实该系统完全满足预期的需求规格书。IEEE 1012《软件验证与确认》将验证和确认合并作为一种过程方法，其将软件 V&V 活动分为三个层次，即过程、活动和任务。针对某一个过程，其需要完成不同阶段的活动；针对某一个活动，其需要完成不同的任务，以完成软件和需求的验证和确认。

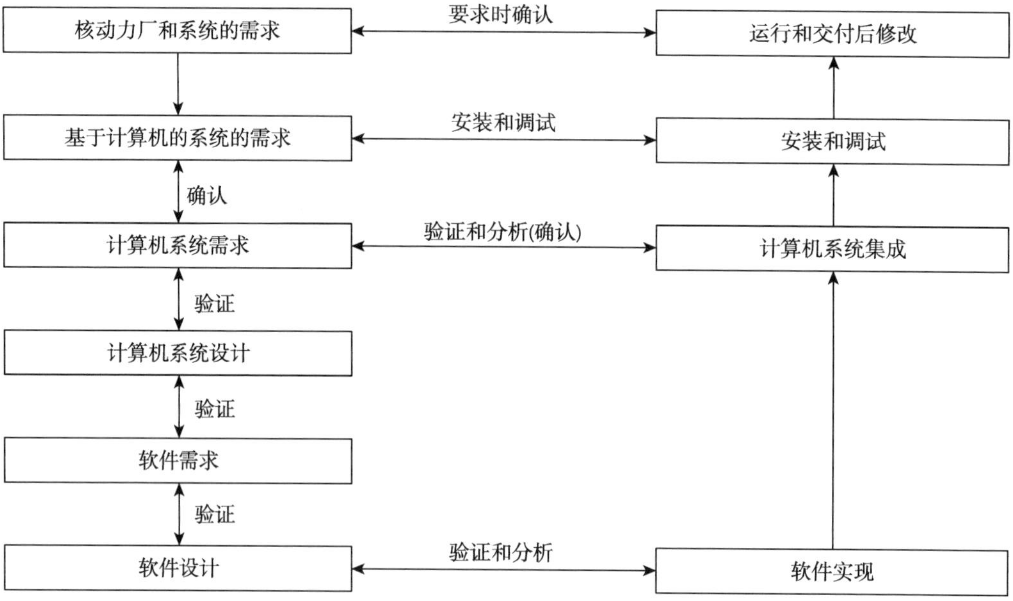

图 3-1　核电数字化仪控系统验证与确认

在基于计算机系统的整个生命周期内，验证是保证一个阶段能够满足前一阶段所提需求的过程，也就是针对前一阶段输出结果进行的检查；而确认是为保证集成后的计算机系统(硬件和软件)符合功能、特性和接口需求，对其进行测试和评价的过程，也就是针对系统的需求和目标进行的检查。GB/T 13629—2008《核电厂安全系统中数字计算机的适用准则》中定义：验证与确认是确定一个系统或部件制定的要求是否完整和正确、每个研制阶段的产品是否满足前一个阶段提出的要求或条件，以及最终的系统或设备是否符合预定要求的过程。

3.1.2　国际标准

对核电厂仪控系统软件进行 V&V 是一项重要且复杂的工作，确立核电厂用户、供货商和监管机构三方都认可的 V&V 方法和范围，应遵循有关法规和技术标准。

法规是国家或者国际层面的法律，带有强制性，是必需遵守的；标准规范是技术上的最低要求。

(1)系统软件产业的顶层标准

根据仪控系统和软件产业的发展需求，国际标准化组织发布了计算机软件产业权威性的顶层标准，这些标准尽管没有明确核电厂特有的安全性和功能性要求，但其基本概念、原理和要点也适用于核电厂数字化仪控系统及其软件。这些标准分别是：

1)ISO/IEC/IEEE 24765—2010《系统和软件工程术语》，该标准确立了系统和软件 V&V 标准中使用的关键词或术语的定义，可作为软件工程的共同语言。

2)ISO/IEC/IEEE 15288—2008《系统和软件工程系统生命周期过程》，该标准确立了系统生命周期过程的各项要素、框架结构，以及每个过程的目标、过程、实现的结果和每项任务的要求。

3) ISO/IEC/IEEE 12207—2008《系统和软件工程软件生命周期过程》，该标准确立了软件生命周期过程的一般要求、框架结构，以及每个过程的目标、实现的结果和每项活动的任务要求。

(2) IAEA 安全导则

国际原子能机构 IAEA 为了加强核电厂在仪控系统和软件方面的安全要求，发布了安全导则 IAEA NS-G-1. 1《核动力厂基于计算机的安全重要系统软件》和 IAEA NS-G-1. 3《核电厂安全重要仪控系统》。

IAEA NS-G-1. 1《核动力厂基于计算机的安全重要系统软件》中规定了核电厂基于计算机的核安全级仪控系统及软件生命周期各项活动的基本概念和要求。

IAEA NS-G-1. 3《核电厂安全重要仪控系统》中规定了安全重要数字化仪控系统设计和实现各阶段的原则要求以及与验证和确认之间的关系。

(3) 用于核电厂的 IEC 系列标准

IEC 分技术委员会依据上述导则，发布了基于计算机的核电厂核安全级仪控系统、软件和硬件的相关标准。

1) IEC 61513—2011《核电厂安全重要仪控系统总体要求》，该标准遵循 IAEA NS-G 1. 3《核电厂安全重要仪控系统》有关数字化仪控系统设计和实现的基本要求，规定了核电厂基于计算机的安全重要仪控系统安全生命周期的总体要求，以及系统和软件安全生命周期开发活动的目标、要求的输入和要求的输出。还对系统配置管理计划、系统安全防范计划、系统集成计划、系统安装计划、系统运行计划和系统维护计划规定了基本要求。

这个标准是核电厂数字化仪控系统的顶层标准，规定了有关软件开发活动的基本要求，是计算机用户核电厂安全系统以后 IEC 第一个建立的核电安全仪控设计方向的总标准。

2) IEC 60880—2006《核电厂安全重要仪控系统执行 A 类功能的计算机软件》，该标准首先规定了核电厂仪控系统安全生命周期相关活动和软件安全生命周期活动相关活动。该标准覆盖了所有最重要的软件安全问题，并详细规定了核电站基于计算机的仪器和控制所要求的相关软件。为了确保这些设备和系统的高可靠性，该版本描述了软件产生和文件化的每个步骤，包括要求规范，设计，执行，鉴定，确认和操作等。

数字化安全仪控系统 V&V 要符合 IEC 60880《核电厂安全重要仪控系统执行 A 类功能的计算机软件》的要求。此标准有些特殊要求和建议。

①软件开发的一般方法，以保证需要的高度可靠的软件产品，包括硬件和软件的相关性；

②关于软件验证和计算机系统确认的软件方面的一般方法；

③软件修改和配置控制程序；

④工具使用要求；

⑤预开发软件的鉴定程序。

3）IEC 62138—2004《核电厂安全重要仪控系统执行B类或C类功能的、计算机软件》，该标准规定了仪控系统执行B类和C类功能的计算机软件开发活动的基本要求，着重补充和完善了IEC 61513《核电站中对于安全具有重要意义的仪表与控制装置的通用系统要求》的相关要求，这些要求隐含验证和确认活动的具体任务。

4）IEC 60987—2007《核电厂安全重要仪控基于计算机系统的硬件设计要求》，该标准规定了数字式仪控系统硬件的验证与确认要求，包括验证与确认过程、验证计划、验证的独立性、验证方法、验证文档、不符合性、确认要求。

5）IEC 62566—2012《核电厂安全重要仪控系统执行A类功能的HDL编程的固件》，该标准是依据IEC 61513《核电站中对于安全具有重要意义的仪表与控制装置的通用系统要求》、IEC 60880《核电厂安全重要仪控系统执行A类功能的计算机软件》、IEC 60987《核电站　仪表和控制的重要安全性计算机系统用硬件设计要求》的要求，对可编程固件（软件和硬件集成设备）生命周期各项活动规定了具体要求，包括验证和确认要求。

3.1.3　美国IEEE标准

在仪控系统及软件领域，IEEE也建立了自己的完善标准体系，这个标准体系适用于整个软件产业。为了适用于核电厂核安全级仪控系统，美国核管理委员会（NRC）对这些标准进行审查和背书，形成了适用于核电厂系统软件的标准体系。

（1）IEEE 7-4.3.2《核电厂安全系统数字计算机准则》（RG 1.152），该标准是这个体系的顶层标准，规定了数字计算机用于核电厂安全系统最低限度的功能要求和设计要求。详细讨论了对硬件和软件进行整合的开发过程。其中提出具体的软件开发要求。为了开发出可靠的、高质量的软件并尽量减少设计差错，应对软件开发规定质量要求，软件的品质应满足IEEE 12207—2008《系统和软件工程　软件寿命周期过程》的要求。

有关软件验证和确认，该标准采用IEEE 1012规定的过程、活动和任务的架构，强调验证和确认应注重计算机硬件和软件、系统部件的集成和计算机系统与电厂的相互作用。

该标准要求安全系统软件进行独立验证和确认，并描述了三种不同类型的独立性。确定IEEE 1012的完整性级别第4级的验证和确认要求适用于核电厂安全系统。

此外，该标准还规定了软件配置管理、软件工程风险管理、商品级计算机鉴定、系统完整性设计（包括计算机完整性设计、试验和校准设计、故障探测和自诊断）、独立性、可靠性、防软件共因故障准则等方面要求。作为资料性附录给出多样性需求的确定、现有商品级计算机的适用性确认、危害的鉴别和解决、通信独立性、计算机可靠性等可供参考的资料。

（2）IEEE 1012《软件验证与确认》（RG1.168），该标准规定了对系统、软件（包括硬件)进行 V&V 所需的内容，该标准的 2017 最新版本是到目前为止与系统软件 V&V 有关的最具指导性和操作性的标准。

IEEE 1012 详细规定了软件 V&V 活动的整个实施过程，具有很高的可实施性。软件的验证和确认是系统工程的一个技术准则，软件 V&V 目的是帮助开发组织在软件生命周期中将质量作为软件的组成部分。软件 V&V 决定了某阶段开发出的产物是否与该阶段的需求相一致，软件是否满足预期用途和用户需求。它的目标包括评估、分析、衡量、检查和软件产品和过程的测试。软件 V&V 同软件开发过程是一个并行过程，并非是在软件开发结束后才进行。

IEEE 1012 确立了以下方面：

1)验证和确认过程的目标和实施要点；

2)系统、软件和硬件整个生命周期的验证和确认过程、活动和任务；

3)验证和确认每项活动的任务说明和实施准则、要求的输入和要求的输出；

4)确定完整性等级需考虑的因素；

5)验证和确认计划的内涵；

6)为 IEEE 12207 确定的每个验证和确认过程要求获得的结果，确立了需实施的活动和任务提供了指导。

(3)IEEE 828《软件配置管理》(RG1. 169)、IEEE 1008《软件单元测试》(RG1. 171)、IEEE 829《软件和系统试验文件》(RG1. 170)、IEEE 830《软件需求规格书》(RG1. 172)、IEEE 1074《研发软件生命周期过程》(RG1. 173)分别规定了软件配置、软件单元测试、软件集成过程和软件合格性测试、软件需求分析过程、软件生命周期模型管理等方面提供了要求和指导。

3. 1. 4　我国标准与法规

我国的核电法规标准体系也呈四个层次的金字塔结构，顶层是国家立法机关制定的法律，第二层是政府制定的法规，第三层是国家或行业标准(包括“总体技术规范”、下层的核电“专业标准”及核电相关的“一般工业标准”)，第四层是企业制定的核电企业标准。其中，第一层、第二层以及第三层中的强制性标准属于核电用户、承包方、供应方等必须遵守的强制性要求。第三层的推荐性标准是可供核电用户、承包方、供应方等选用的要求，经选定成为技术规格书要求，并作为合同要求。

(1)法规

我国核安全法规 HAF 003(由 50-C-QA Rev. 1 转化而来)和 HAF 102(由 NS-R-1 转化而来)作为最顶层的法规，对核电厂的质量保证和安全设计提出了要求，规定：当安全重要系统设计成依赖于计算机系统的可靠性时，必须确定或制定有关验证计算机硬件和软件的相应标准，并在系统的整个生命周期，特别是软件的开发期间，就加以实施。

(2) 导则

第二层安全导则 HAD 102/14(由 50-SG-D8-1984 转化而来，于 2002 年升版为NS-G-1.3)和 HAD 102/16(由 NS-G-1.1 转化而来)对核电厂安全、有关仪表和控制系统以及基于计算机的安全重要系统软件的开发和验证活动提出了要求。

HAD 102/10《核电厂保护系统及有关设施》和 HAD 102/14《核电厂安全有关仪表和控制系统》作为描述核电厂安全重要仪表和控制系统的导则对安全重要仪控系统的设计提出了设计要求，例如设计过程，安全分级，对安全重要仪控系统的要求适用于基于计算机的系统。第一次提出了以生命周期的方法设计和开发安全重要的仪控系统。

HAD 102/16《核动力厂基于计算机的安全重要系统软件》论述了基于计算机的系统的技术要求和安全要求以及相关的项目计划，描述了从计算机的系统需求、设计到计算机软件的需求、设计和实现，计算机系统的整合、安装和调试直到运行和交付后修改的整个软件生命周期，并且规定了周期各个阶段的活动、过程和文件编制。该导则关于核电厂安全重要计算机软件开发和设计的要求与方法，对于计算机系统的总要求具有保证和支撑的重要作用。提出了软件 V&V 过程的必要性以及 V&V 活动与软件开发过程中的关系。此导则是开展 V&V 活动重要的参考文件。图 3-2 详细展示了我国核电各法规标准的关系情况。

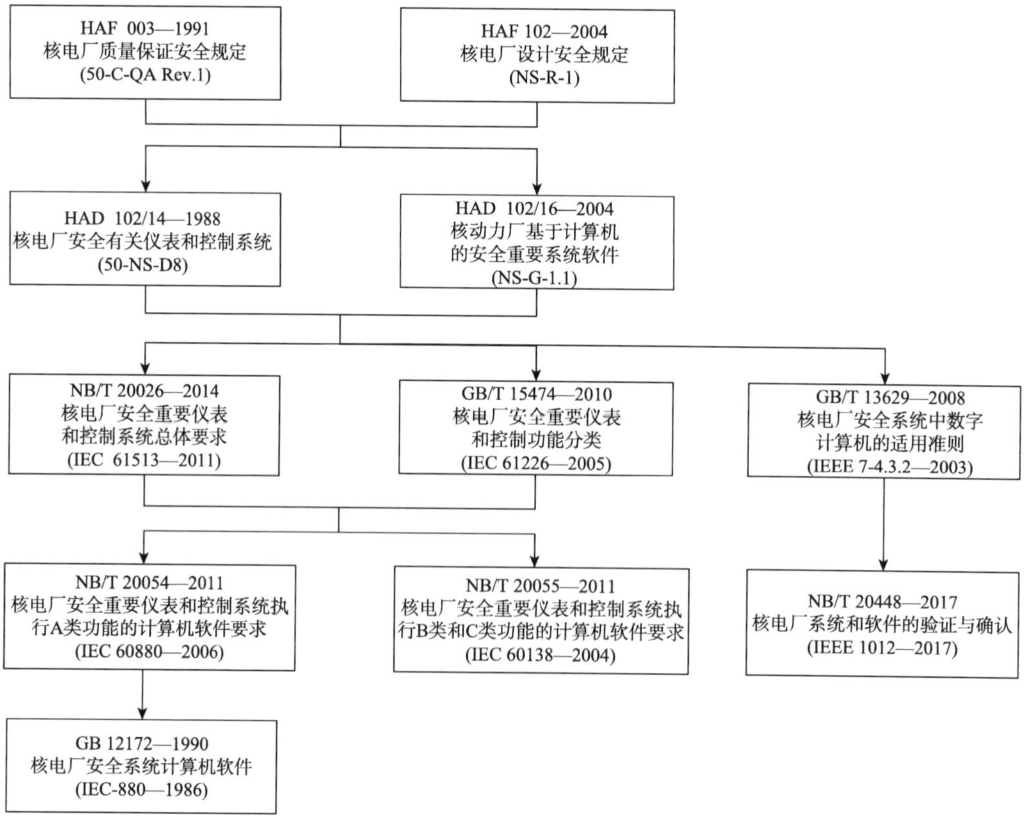

图 3-2　我国核电验证法规标准

(3)国家或行业标准

目前我国与核电厂有关的标准分为国家标准(GB)和能源行业核电标准(NB)两类。

国家标准和能源行业核电标准，主要有：

1)NB/T 20026—2010《核电厂安全重要仪表和控制系统总体要求》，该标准参考IEC 61513《核电站中对于安全具有重要意义的仪表与控制装置的通用系统要求》而制定，对核电厂仪控系统做了总体要求，该标准作为NB标准中仪控子体系的顶层标准。标准给出了核电厂安全重要仪控系统的总要求，按照总的安全生命周期和单个系统安全生命周期对安全重要仪控进行开发、设计、安装、调试、运行和维护，首次区分了功能分类和系统分级的概念，为安全仪控系统的范围的界定提供参考，此要求既适用于基于计算机的系统也适用于硬接线系统。

2)NB/T 20054《核电厂安全重要仪表和控制系统执行A类功能的计算机软件》，该标准参考IEC 60880—2006《核电厂安全重要仪控系统执行A类功能的计算机软件》制定，对核电厂执行A类功能的软件做了规定，该标准是数字化安全仪控系统软件开发的底层标准。此规定的目的是保证软件的高可靠性，对软件开发过程中的每个阶段(包括设计、开发、验证、确认和运行)以及每个阶段中的文档档案的基本要求以及应遵循的原则。适用于核电厂安全系统中用于执行安全功能的计算机所要求的高可靠软件。详细规定了V&V活动的整个实施过程，是V&V活动开展的重要参考。

3)NB/T 20055《核电厂安全重要仪表和控制系统执行B类和C类功能的计算机软件》，该标准参考IEC 62138—2004《核电厂安全重要仪控系统执行B类或C类功能的、计算机软件》而制定，对核电厂执行B、C类功能的软件做了规定。

4)GB/T 13629《核电厂安全系统中数字计算机的适用准则》与IEEE 7-4.3.2技术内容等同，对核电厂数字化仪表和控制系统提供指导。GB/T 13629清楚地指出了在整个软件开发过程中应进行V&V，除此以外作为V&V的附加要求，在软件开发过程中还要进行验证审查的要求。在软件开发和修改过程中，应进行V&V(包括追溯性检查和试验)。V&V应确认安全系统要求以及每个开发阶段中规定的要求(包括对可信异常情况的处理)已经得到实施。GB/T 13629还规定了V&V活动的范围，V&V活动应包括计算机软件和硬件，非计算机硬件以及它们的集成，V&V还应包括对最后集成的硬件、软件、固件和接口的系统试验。应制定V&V计划，以便确认设计的正确性和完整性。V&V计划应规定一些特定的活动或试验项目，他们将由有资格的非原设计小组独立地检查、见证、执行和审查。GB/T 13629附录E中提供了V&V的详细信息。

5)NB/T 20448—2017《核电厂系统和软件的验证与确认》，该标准参考IEEE 1012—2016《软件验证与确认》而制定，定义了V&V软件的可靠性，软件V&V的独立性，V&V任务的详细规定。定义了每一个V&V任务的详细规定，包括对正确性、一致性、完整性、精确性、可读性、易测性的规定。该标准描述了V&V软件完整性水平由采购、供应商、开发商达成共识后确定。该标准描述了V&V过程，包括管理阶段，采购阶段，供应阶段，开发阶段，运行阶段和维护阶段；该标准规定了软件V&V报告、管理和文档需求，V&V 报告要贯彻整个软件生命周期；软件 V&V 计划(SVVP)要详述所有 V&V 报告的内容、格式和时间；这些软件 V&V 报告将构成软件 V&V 报告(SVVR)；V&V 测试文档需求包括为了组成、整合、系统和可接受测试的测试计划、设计、案例、规程和结果。该标准描述了软件 V&V 计划大纲，详细说明了大纲各个章节的编写方法。

3.2　仪控功能设计验证技术

3.2.1　数字化仪控系统设计

(1)概述

数字化仪控系统是指以数字处理技术为特点的电子设备和计算机系统，不但具有常规测量仪表的测量和控制功能，还具有极强的逻辑运算、数据处理和通信能力。它能将现场的信息通过计算机网络连到电厂的任何地方，从而使得电厂操作员有可能对全厂各个部分设备进行集中的监视、控制与管理。同时使得生产运行、管理、维修、安全保卫、计划调度及行政等部门都能及时有效的利用这些信息，实现全场信息共享，极大地提高了核电厂运行的安全性、可靠性及管理效率。

(2)核电厂数字化仪控系统设计原则

1)单一故障原则：在其任何部位发生单一随机故障时，仍能保持所赋予的功能(由单一随机事件引起的各种继发故障，均视作单一故障的组成部分)；

2)多样性设计：多样性应用于执行同一功能的多重系统或部件，即通过多重系统或部件中引入不同属性来提高系统的可靠性。采用多样性原则能减少某些共因故障或共模故障，从而提高某些系统的可靠性；

3)故障安全原则：核电厂安全极为重要的系统和部件的设计，应尽可能贯彻故障安全原则，即系统或部件发生故障时，电厂应能在无需任何触发动作的情况下进入安全状态(如，反应堆失电落棒)；

4)独立性原则：为了提高系统的可靠性，防止发生共因故障或共模故障，系统设计中应通过功能隔离或实体隔离，实现系统布置和设计的独立性；

5)控制的优先级原则：电站的执行机构或其他被控的对象，可完成的功能是多种的，因而其接受的命令来源是多样的。优选的关系体现在：

①不同安全级功能间的优先原则：安全级功能优先于非安全级功能；

②同一级安全功能间的优先原则：设备保护优先于自动指令，自动指令优先于手动指令。

3.2.2　仪控功能设计验证方案

(1)验证的一般原则

核电厂仪控系统整体设计的每一个步骤和结果都要通过验证与确认活动的检查。其目的在于评估数字化仪控系统的设计(仪控系统设计的安全性、准确性、有效性)与电厂运行状态；并且在仪控系统的设备制造、安装开始前检查相关的细节说明和技术要求。验证与确认活动通常贯穿于仪控系统设计的各个阶段。特别是对于一个新的数字化仪控系统设计，这样的验证和确认活动往往是非常复杂的一个过程，这个过程在设计的很早阶段就应该开始并在设计过程中不断的周期性(验证—反馈—设计—验证)反复，直到仪控设计满足要求，验证与确认活动允许审核所带来的设计更改。这种方式有效地提高了数字化仪控系统整体设计水平。

应根据特定项目对创新程度的不同需要来安排验证活动。验证活动的多少取决于创新程度，现有设计的翻版设计所要求的验证活动很少，而先进型设计要求全面的验证；对于改进型设计，应有选择地进行验证活动，以便将工作重点集中在修改的方面及其与已证实的设计特点综合。

(2)验证基本流程

一般地，每一次的验证与确认活动都应至少包含以下三个阶段：

1)准备阶段；

2)评估阶段；

3)纠正方案阶段。

准备阶段应该尽量考虑周全以保证准备充分，准备活动需主要考虑到的内容如下：

①评估准则的制订；

②验证与确认方法的确定；

③源文件的确定，应确保在对数字化仪控系统设计有直接影响的设计文件发布之后，便有一个相应的验证与确认步骤；

④验证过程评估团队的确定；

⑤评估团队的工作场所和设备的确定；

⑥验证活动进度制订。

(3)评估准则的制订

评估准则的制订应该以实现验证活动的目的为基本原则。

验证活动的目的是：

1)对所有用于实现核电厂运行和安全目标的必要的功能应予以识别；

2)对所有与功能分配相关的要求应予以识别；

3)在所有电厂运行模式下，较高层次功能目标的要求体现在较低层次功能中且没有矛盾。

评估准则制定需参考以下文件：

1)相关标准化文件；

2)功能分配验证与确认报告；

3)前次设计的经验反馈；

4)前次设计的节点报告；

5)前次设计的故障和事故分析报告；

6）故障树和故障模式及其结果分析；

7）安全分析报告；

8）系统描述；

9）系统说明书；

10）任务分析文件；

11）功能分配文件。

验证准则必须考虑以下内容：

1）确保仪控功能需求说明书的完整性和清晰性；

2）检查仪控功能需求与DCS平台的一致性；

3）验证仪控功能需求说明书满足相应的工程要求（例如编码，图符等）；

4）验证作为设计输入的需求的正确性和完整性；

5）验证每一个仪控功能模块的正确性

①输入，输出，参数的定义是否正确；

②算法的描述是否正确；

③仪控概念设计的实现是否正确（包括定期实验，信号处理，进程处理）；

④仪控功能的分配（分配到不同的处理单元）是否正确以及功能处理单元之间的接口是否正确。

6）验证每个仪控功能之间的一致性；

7）仪控结构的一致性；

8）每个功能模块的使用是否正确（输入输出的连接，参数设定等）；

9）功能图的编码是否一致，输入输出信号是否一致；

10）内部信号，参数，模块的编码是否一致。

（4）验证团队的确定

验证与确认活动的主导者必须与从事初始设计的设计者无关。评估团队应根据原始文件的要求进行审查，但不排除与仪控及核电厂其他专业的设计者联系，后者可以参加必要的讨论和进行必要的解释。所有的验证活动由验证团队领导管理，主要负责：

1）定义验证策略；

2）确认验证活动的必要性；

3）设计者与验证人员之间的协调；

4）审查由验证活动造成的差异表单；

5）决定关闭问题单所要执行的解决方法，决定是否需要重新验证；

6）异常问题的后续解决和差异表的关闭。

评估团队的人数一般很难精确确定。其规模和组成视核电厂数字化仪控系统的规模和类型不同而有所差异。通常评估团队覆盖的专业领域应包括但不限于：

1）核与非核的系统设计；

2）系统分析；

3)仪表与控制系统;

4)信息与计算机系统;

5)电厂运行和操作人员;

6)人因工程。

验证团队可以包括多个设计方的成员，同时可以邀请电厂业主的工程师与操作员来参加验证活动，给出他们期望的审查意见或者信息。

验证活动应保证其独立性，具体体现在:

技术独立：工作应由不同的人员使用不同的技术和工具完成。

管理独立：工作应由不同的人员来领导和推动。V&V 小组与开发工作小组应有不同的管理渠道。应记录与独立小组之间的正式通信。

财务独立：应有分开的财务预算以限制资金在开发和 V&V 小组之间流动(如对于 B、C 类软件，实施 V&V 可不要求财务独立)。

(5)评价进度的确定

应在验证与确认活动的准备阶段制定评估团队的活动时间表。在安排时间表时，应注意某一项任务对其他任务输出的依赖关系，并尽可能准确的估算每项任务完成所需要的时间。时间表的安排应使工作团队能够不间断的高效工作。时间表可以从准备阶段一直延伸到设计审查报告的完成，并规定评估团队每个成员的职责，将每个成员的活动纳入整个审查过程。

3.2.3 仪控功能设计验证方法

(1)基于书面评价的静态验证方法

这种评价方法不需要借助其他验证工具，主要基于具有设计审查人员资质人员的经验和技能，针对设计文件使用静态检查分析完成。

检查包括由一个或多个人员对一份文件或一组文件进行校核。这些人员组成一个一定规模的团队，负责对指定类型的异常或故障进行检测。这些异常或故障的类型可能与形成文件所采用的方法或技术，以及文件的性质有关。这些异常或故障的类型也可能与非功能性要求，如：可靠性或安全性有关。对文件进行分类，同类文件应分为一组。所选取的文件应该对一个活动提供一个综合性的观点(无论是一个阶段的所有文件还是一个具有代表性的样本)。为了进行异常和故障的有效检测，应根据审查者的经验加以区分，审查者应该至少与文件作者技术相当，建议至少为两名，最多不超过四名审查者。

指定一段时间进行文件的阅读和进行问题讨论。检查本身就包括文件的阅读和对指定的异常和故障类型的校核。通常，将该组异常和故障类型提供给审查者作为核对清单。所有审查者均通过标准表格提出意见，通过所检测出的异常和故障的类型对意见加以区分。

举行例会对意见加以分析，并决定其状况和是否需要修改。与会人员为所有审查者。参加会议的还有可能为设计者本人或负责文件的小组成员代表。会议可能由调解人进行主持以平衡设计者和审查者之间的决定。会期期间，将意见进行分类并对其关联性进行讨论，即是说：讨论异常或错误是否真实存在，是否隶属于指定的类型。会对划分为真实存在的异常和故障提出改正请求。通过对文件的修改和验证以确保已考虑所有的修改请求。通常由检查小组成员负责文件的验证，修改和更正。应该对以上动作制定一个时序表。除与会日期和与会人员名单以外，与会报告还应包括：引用的输入文件和审查者使用的核对清单的记录；分析过程完全依赖于人为活动。

由于审查者专业知识的不同，审查者的技术可能仅限于对已知的可预测故障的发现，而不会覆盖文件的所有方面。

(2)基于动态实验测试的验证方法

动态实验测试方法是通过设置一定的场景，选择合适的时间、地点和测试人员进行实际操作，根据测试结果给出评价结论。动态实验验证被认为是效果最佳的验证方法，可用来评估一致性、可理解性和有效性相关的所有问题，验证测试人员根据实际操作体会，给出结论会更加深刻而有效。

动态实验测试方法是指使用软件或硬件对设计的行为进行模拟，然后通过运行设计来发现其中存在的问题，因此也被称为动态验证技术。基于仿真验证的总体思想是：把要验证的设计放到一个设计好的集成环境中，然后运行这个集成环境，通过察看被验证设计在这个环境下的运行状况来判断设计是否满足设计要求(图3-3)。

图3-3　仿真实验验证示意简图

动态实验测试是基于验证平台使用验证程序或者真值表测试。验证平台具备的工艺过程模型，仿真控制模型和人机界面功能，基于验证平台采用解析组态图数据包、控制图形再构建的方法，将功能图导入验证平台，动态集成电厂过程模型以及人机界面。在此基础上依据前期编制的验证程序或真值表对组态图功能进行测试。

3.2.4　仪控功能设计验证过程

评估团队对工作场所和设备的要求，应在验证与确认的准备阶段加以考虑。合适的办公室、会议室等应提供给评估团队和任何临时受雇的顾问和专家。

验证工具推荐使用基于电站数据开发的数字化仪控设计验证平台。完整验证活动由平台开发准备、平台测试、验证程序的编写、验证进行、总结评审、验证报告的输出这些环节构成。

(1)预定义验证工况

验证工况即在执行测试前所作的一系列设置，包括验证范围选择、边界条件设置或电厂工况定义、测试方式选择、输出信号确定等，具体工况定义分以下几点：

1)通过友好、直观的人机界面选择验证范围(控制图每页为最小选择单位)；

2)选择测试方式、开环或闭环；

3)列出所选验证范围的边界变量，边界变量即不是控制图内部计算产生和来自过程模型输入的变量或参数，若闭环验证来自过程模型输入的变量则不是边界条件；

4)通过友好、直观的人机界面设定所选验证范围的边界初始条件；

5)闭环验证支持调用电站以前存储工况，将根据选择电站工况自动设定相应边界条件；

6)定义后续的带时间标签的动作序列(包括边界输入变量改变、外部控制命令等)；

7)选择输出信号、模拟信号或逻辑信号，并设定相应的期望值或曲线；

8)验证工况管理功能，能存储当前工况、修改工况、调用以前存储验证工况；

9)以上过程应通过列表或表格直观的方式操作，无需编写程序语句。

(2)验证程序或真值表编写

验证程序或真值表即验证活动开展时的依据文件。验证程序编写依据的上游输入文件为系统测控需求；验证程序主要由验证工程师与设计工程师联合编写，再由运行专家审查，平台人员需审查该程序在验证平台上的适用性，同时保证平台具备完成该验证程序的条件。验证程序形式如操作单、调试程序，一步一步执行，打钩确认。示例如表 3-1 所示。

表 3-1　验证程序样例

序号	系统功能编码	系统功能名称	功能分级	测控功能编码	测控功能名称	应对工况	触发信号	信号及仪表	设备	要求输出	CLD 输入	CLD 输入页码	CLD 输出	CLD 输出页码	验证结果	问题描述	验证人	验证时间
(1)	(2)	(3)	(4)	(5)	(6)	(7)	(8)	(9)	(10)	(11)	(12)	(13)	(14)	(15)	(16)	(17)	(18)	(19)

注：1)第(1)栏填写序号；

2)第(2)~(3)栏填写全厂统一编码后的系统功能编码及名称；

3)第(4)栏填写功能分析信息；

4)第(5)~(6)栏依据《系统测量与控制要求》填写相关功能编码及名称；

5)第(7)~(10)栏分别填写系统功能的应对工况、触发信号、涉及的信号及仪表、包含的工艺设备；

6)第(11)栏填写该功能执行之后引起相关设备的动作情况或输出信号；

7)第(12)~(15)栏分别填写逻辑图、模拟图上该功能对应的输入、输出及相关逻辑图、模拟图页码；

8)第(16)~(19)栏分别填写验证结果，存在问题，验证人及验证时间。

测试用的真值表基于上游设计输入编制；验证真值表中必须包含信息有以下：

1)测试对象组态图纸 Index No，及版本状态；

2)参考上游文件图号及版本；

3)输入变量名(LEVEL0 至 LEVEL1 信号需使用上游输入 I/O 清单中编码，控制器编码)；

4)输出变量名(输出至 LEVEL2 信号需使用上游输入人机接口文件中编码，输出 I/O清单编码)；

5)测试开始前初始状态；

6)每一步中输入变量赋值；

7)每一步输出变量的预期值；

8)需考虑信号故障、旁通，机柜旁通，通信故障等情况，以测试其降级逻辑及缺省值设置；

9)需考虑各种实际机组中可能发生的组合，以确保测试能覆盖组态图中所有逻辑。

(3)执行测试

由仪控系统设计人员与平台验证人员共同对该系统功能进行测试，测试内容包括但不限于验证程序中规定内容，具体验证内容的深度和广度因平台模型的开发程度、设计人员主观意愿不同而不一样。

在仪控设计活动中，设计需求被转化为每个设计成品的详细设计，设计包括控制逻辑图、I/O 清单、和定制手册，设计验证活动的目的是验证仪控设计是设计需求正确、准确和完备的转化，而且没有引入非预期特征；保证设计文件的正确性、完整性、准确性、可读性及其与上游输入的一致性。图 3-4 展示的是基本设计验证流程。

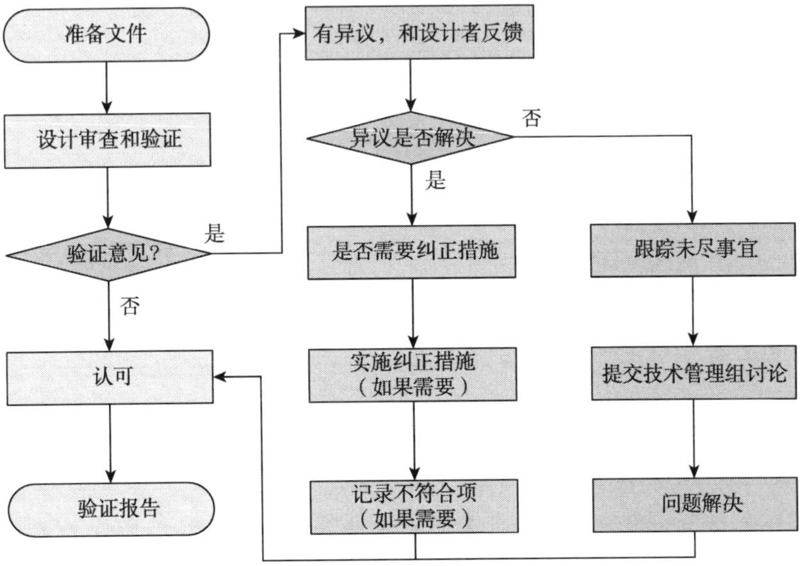

图 3-4　设计验证流程

执行测试必须由独立于控制逻辑图设计的有一定资质的验证工程师进行。

1)可支持开环或闭环运行;

2)支持自动测试和手动测试;

3)自动测试即按预先设定动作序列自动运行,不接受手动输入;

4)手动测试即根据验证程序手动输入调整显示和输出,包括参数的修改、人机界面上操作命令的输入等;

5)在测试过程中,集成到平台中的控制逻辑图以友好的界面动态、实时地显示相应的逻辑状态量和模拟变量;

6)自动存储预定义的逻辑和模拟变量在整个测试过程中的值,和预定义工况中设定值进行自动比较,并直观形式(表格和曲线)呈现其值与比较结果;

7)支持暂停、步进、加速等功能;

8)支持在线修改控制逻辑图功能,对修改进行记录,并保留导入平台的原始版本。

(4)输出验证报告

对数字化仪控系统设计验证与确认的结果进行评价,并对评价的过程做追踪记录形成文件,最终形成设计审查文件。

应对审查过程和结论进行记录,记录宜优先采用标准格式并应为讨论提供灵活性和空白页。与功能要求和其他输入文件的评价标准产生的偏离应形成验证报告,并评估这些偏离对数字化仪控系统性能潜在的影响,给出验证活动的结果。

验证报告包括以下内容:

1)整个验证的发生过程,开始、结束时间;

2)验证范围;

3)初始工况;

4)预定义变量及其设定值;

5)测试方式,开环测试或闭环测试;

6)控制图在线修改记录;

7)测试结果,包括输出值及比较偏差。

(5)版本管理功能

对导入到平台的控制图进行版本管理,已保证验证平台与仪控设计平台上控制图版本的一致性,并能保留历史版本。

(6)纠正方案

验证与确认活动中发现的任何偏离或错误都应反馈到设计者处并得到纠正,直到数字化仪控设计满足设计要求为止。对于验证活动中发现的缺陷,应认真制定纠正方案并予以记录。

无论采用何种方式进行验证,都需要事先选取评价和评估准则作为对验证结果的进行评估的依据。所选取评价准则均来自相关法规和标准要求,针对验证对象和验证目的的不同,每次验证需要筛选出适于此次验证的一系列评价准则。例如针对 RPS 系统保护功能验证，可使用动态验证平台验证，则可使用事先编制好的真值表作为评价准则。

针对验证结果所发现的设计不符合项，需要编写验证不符合项跟踪表进行跟踪记录，由验证专家和相关设计方对不符合项进行分析、讨论，并给出初步解决方案。然后由验证工作人员继续跟踪，直至不符合项完全解决，并填写相应的最终解决方案将不符合项关闭。

在进行不符合项跟踪时，可以利用问题跟踪系统平台进行跟踪，此平台可以使得不符合项的跟踪处理流程更加透明、便捷和高效。

3.3 软件 V&V 技术

3.3.1 目的及意义

进入 21 世纪以来，数字化技术及以数字化技术为基础的计算机技术、信息化技术、多媒体技术、软件技术、智能技术等呈现爆发式增长，已日益深入到社会生产和人类生活的方方面面。根据 App Annie 2017 年的报告。人们平均每天要用到 9 个 App 软件；亚马逊每年有 5000 万次代码发布，代码发布频率是以前的 30 倍。数字化技术在核电厂的应用也日益广泛和深入，并将逐步向智能化方向发展。大数据、物联网、5G 通信、人工智能等新技术将与核电厂的设计、建造、运维及退役等深度结合，计算机辅助设计与分析、智能控制设备大量使用、基于大数据的设备健康状态监控与预警、智能运维、机器人抢险救灾等新应用将使核电更加安全、高效和经济。

习近平总书记在 2018 年两院院士大会上的重要讲话指出：“世界正在进入以信息产业为主导的经济发展时期。我们要把握数字化、网络化、智能化融合发展的契机，以信息化、智能化为杠杆培育新动能”。这一重要论述准确把握了当今世界信息技术的主导作用及发展态势，是对利用信息技术推动国家创新发展的重要部署。随着《中国制造 2025》《积极推进“互联网+”行动的指导意见》和《加快推进网络信息技术自主创新》等国策的深入推进和落实，以软件为核心的信息技术产业的发展正处于国家战略发展的“风口”，其创新发展空间及市场巨大。《中国制造 2025》提出的中国最终实现制造业强国目标的“一二三四五五十”总体结构中，将建立完善工业软件集成标准与安全测评体系作为十大领域之一的新一代信息技术产业的一个重点发展方向。可见，完善的软件安全测试和评价技术及体系是影响新一代信息技术产业成败的关键因素。

虽然数字化技术在核电厂的应用日益广泛和深入，并将逐步向智能化方向发展，但软件的可靠性问题依然是一个世界级难题。软件是一种逻辑产品，其运行必须依赖于特定的硬件平台或设备。软件失效有着与硬件失效本质不同的一些特性，诸如：软件缺陷主要由设计错误造成，软件缺陷导致的系统失效与其运行环境密切相关；软件与其运行平台(硬件)具有强耦合关系，硬件失效也会引发软件失效；软件设计错误可能同时存在于安全系统的多个冗余通道内，引发安全系统失效，冗余不能提高数字化系统的可靠性；容错设计会增加软件的复杂度，其对系统可靠性的影响需要评估。因此，NRC 认为：软件设计错误是导致系统失效的一个可信因素，且软件不能被证明不存在错误。现有的测试和评价技术及手段各有千秋，但仅靠一两种测试技术手段不能对软件进行全面的测试。

当前，核电企业正在全力推进国际项目。英国通用设计审查(GDA)中明确要求对安全重要的数字化仪控系统及智能设备必须同时采用产品卓越性证明(PE)和独立信心构建(ICBM)策略进行全面的安全论证，并强力推荐采取形式化验证技术、统计测试方法证明数字化安全重要仪控系统及智能设备满足所声明的可靠性指标，以增强对其可靠性的信心。国际上，英法美日等核电强国业已掌握这些关键技术及其应用方法，相关研发成果由CINIF垄断，且仅对CINIF成员公开。形式化验证、统计测试等技术已成为制约“华龙一号”“走出去”的关键技术瓶颈之一；而国内核电行业尚无这些测试技术相关的工程应用经验，在航天等其他安全重要领域也多限于理论研究工作。

鉴于此，随着数字化、智能化技术的迅猛发展及其在核电厂应用的日益广泛和深入，软件测试与评价已然成为当今世界的技术热点，国际乃至国内各大先进企业及核电生产企业均在不断寻求技术突破以确保新一代信息技术应用的安全性和可靠性，形成具备代表性和国际垄断地位的技术产品，占据行业、领域的发展高地。

3.3.2 V&V执行标准

为保证核电厂安全重要数字化仪控系统及智能设备软件的V&V活动的有效性，必须遵循我国HAF 102—2016、HAD 102/16—2004等核安全法规和导则的要求，同时满足IAEA SSG39—2016、IEC 60880—2006、IEC 62566—2012、IEC 62138—2004等国际核安全标准的要求。

在V&V执行过程上，主要遵循IEEE Std. 1012—2004标准，其规定了软件整个生命周期(采购、设计、运维、退役)中的各项V&V活动内容、范围、深度及文档规范。值得注意的是该标准由美国电气和电子工程师协会制定，但并非专门针对核电领域。为了更好地帮助用户在核电领域理解和运用该标准，NRC RG1.168对该标准进行了背书。IEEE Std. 1012以及RG1.168对IEEE Std. 1012的应用指导说明一起构成了针对核安全级软件V&V活动的标准，并完全符合美国核电法规以及质量保证标准，具有很高的可实施性。

IEC 60880覆盖了核电厂仪器和控制系统执行A类功能的计算机软件开发中所有重要的软件安全问题，核电厂详细规定了软件开发和文档化的每个步骤，包括要求规范、设计、实现、鉴定、验证与确认和运维等。

软件V&V主要标准框架如图3-5所示。

对于执行不同安全功能类别的软件，执行软件V&V时遵循的评价标准和完整性等级存在差异，具体执行要求如表3-2所示。

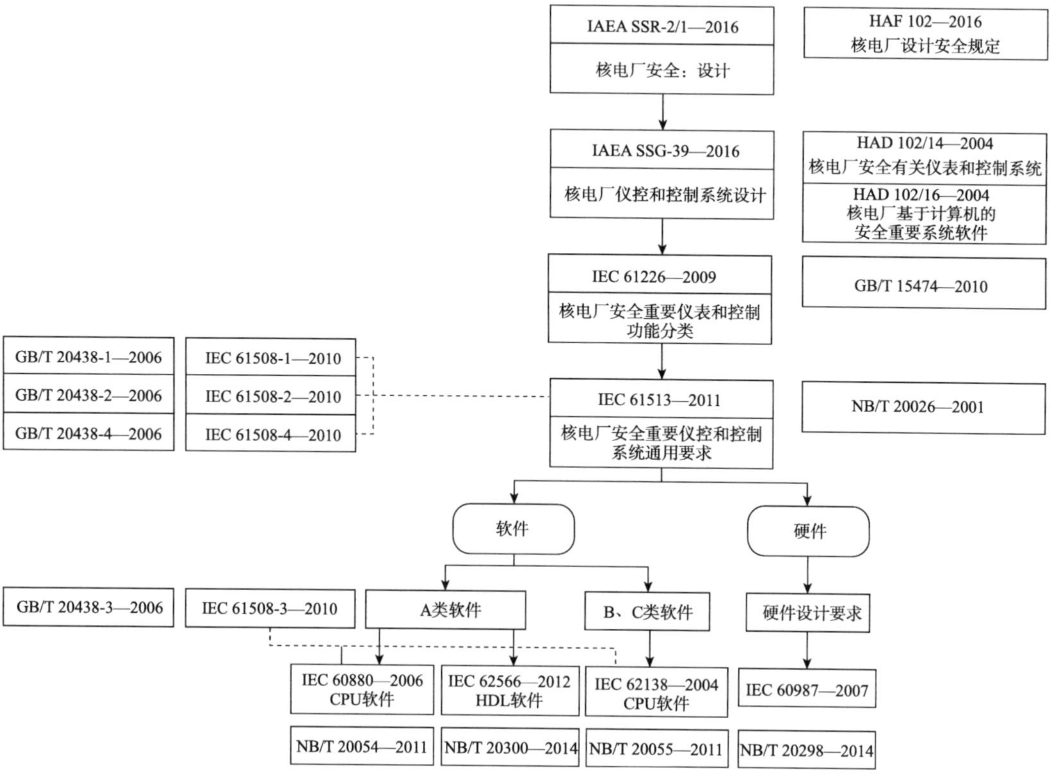

图 3-5　核电厂软件 V&V 框架

表 3-2　核电厂软件 V&V 遵循评价标准

序号	A 类	B 类	C 类
1	GB/T 15474—2010(IEC 61226—2005) 核电厂安全重要仪表和控制功能分类		
2	NB/T 20054—2011 (IEC 60880—2006) NB/T 20300—2014 (IEC 62566—2012)	NB/T 20055—2011 (IEC 62138—2004)	NB/T 20055—2011 (IEC 62138—2004)
3	IEEE 1012—2004 IL4 级软件 V&V	IEEE 1012—2004 IL3 级软件 V&V	IEEE 1012—2004 IL2 级软件 V&V
4	IAEA TRS384—1999 A 类软件	IAEA TRS384—1999 B 类软件	IAEA TRS384—1999 C 类软件

3.3.3 V&V 总体方案

(1) V&V 模型

对于已有成熟堆型，其数字化仪控系统，不论是与核电厂过程控制直接相关的功能设计、总体结构、应用软件开发以及编制的各种类型的规范书，还是与仪控设备直接相关的系统硬件配置和应用软件设计组态，都已经过工程实际机组的检验，仪控系统范围清晰，功能分配明确，数字化仪控设计平台成熟，软件 V&V 时可直接从仪控系统需求开展 V&V 活动。

因此，软件 V&V 的具体阶段可划分为：验证仪控系统需求到仪控系统设计、仪控系统设计到软件需求分析、软件需求分析到软件设计、软件设计到软件实现、软件实现到软件集成，确认各个阶段的需求在下一个阶段是否都已得到满足，验证软件开发是否按照设计流程和要求开展，从用户的角度确认软件是否符合系统设计的真正需求。常用的“V”字模型如图 3-6 所示。

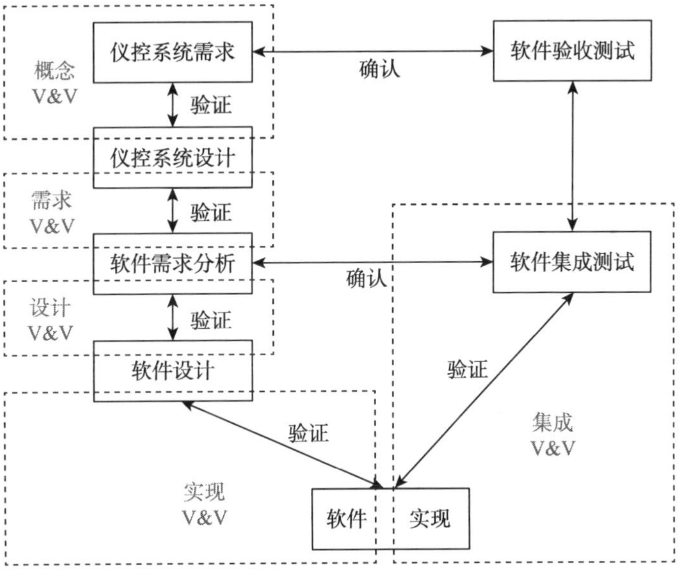

图 3-6 核电厂软件验证确认 V 字图

对于新研制堆型，其核安全级数字化仪控系统在仪控总体架构、仪控功能设计、系统架构、控制逻辑以及系统需求方面还没有与系统工艺需求完全分离，在某些功能分配方面仍存在不足，范围边界不明确，产生的核安全级数字化仪控系统需求就不能完全满足工艺控制要求，针对这种情况，软件 V&V 时应增加工艺系统需求到仪控系统需求的转换过程的验证与确认过程，检验仪控系统的监测功能、控制功能、保护功能是否完整、正确。新研制堆型的“V”字模型如图 3-7 所示。

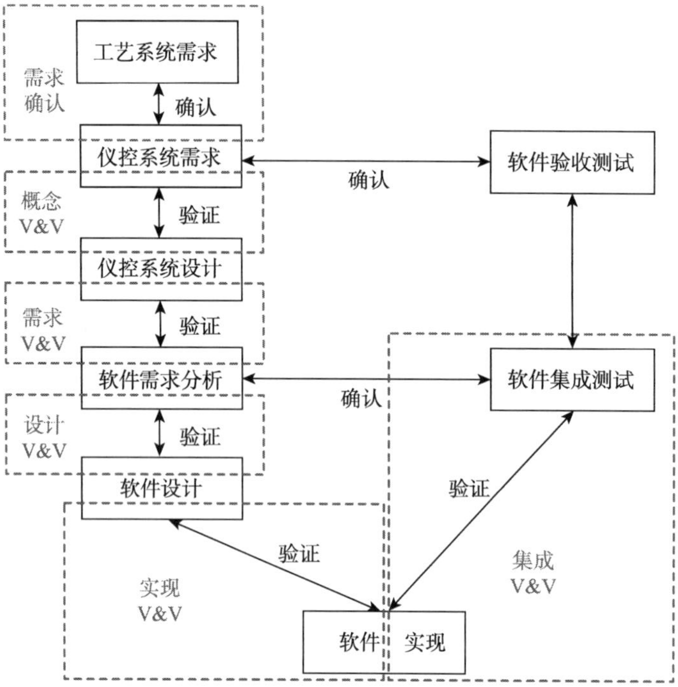

图 3-7　核电厂新堆研发软件验证确认 V 字图

(2) V&V 阶段及任务

典型的完整性等级为 4 级的软件 V&V 各阶段任务如表 3-3 所示，完整性等级为 1、2、3 级的任务属于此任务清单的子集。

1) 概念阶段

如表 3-3 所示，概念 V&V 活动主要针对系统结构设计和系统需求分析，验证系统需求分配，确认选定的系统方案符合用户需求，并确保在系统设计和系统需求分析中没有错误和缺陷。

表 3-3　核电厂软件 V&V 概念阶段内容

可追溯分析	确定所有的系统需求，验证这些系统需求可追溯至获取要求，从系统需求开始需求追溯分析
概念文档评价	确认概念文档可满足用户要求、并符合获取要求，确认接口系统的约束条件以及提出的方法的约束条件或限制条件，分析系统需求，并确认系统功能、性能、功能需求的可行性和可测性、系统架构设计、运行和维护需求及环境等满足用户要求
关键性分析	确定是否为需求、详细功能、模块、元素、子系统或其他部分分配完整性等级及正确性，验证任意部件是否会对已分配的完整性等级的部件造成影响

续表

用户需求分配分析	参考用户要求，验证分配给硬件、软件和用户接口的概念需求的正确性、准确性和完整性
危害与风险分析	分析对于概念系统的潜在危害和来自概念系统的潜在危害，确定技术和管理风险，提供消除、降低或减轻风险的建议

2）需求阶段

如表 3-4 所示，需求 V&V 活动针对软件的功能和性能、软件外部接口、安全性和防范性、人因、数据定义、软件用户手册等软件需求进行验证活动。主要包括软件需求评价、接口分析、可追溯分析、危害与风险分析。

表 3-4　核电厂软件 V&V 需求阶段内容

可追溯分析	分析软件需求与系统需求追溯性关系的正确性、一致性、完备性和准确性，验证软件需求规格书与接口需求规格书中没有产生或描述与系统需求无关的软件需求
接口分析	验证并确认软件与硬件、用户、运行人员和其他系统的接口需求的正确性、一致性、完备性、准确性和可测试性
软件需求评价	评价软件需求规格书和接口需求规格书中所描述的需求的正确性、一致性、完备性、准确性、可读性和可测试性
关键性分析	对先前关键性报告中的现有关键性分析结果进行评审和更新，验证未引入不一致或非预期的完整性影响
配置管理评价	验证评价需求 V&V 过程中配置管理的有效性和完整性
防范性分析	确定在软件需求规格书和接口需求规格书中描述的防范性需求已经针对系统概念引发的防范性风险进行了说明，验证系统防范性需求可以将所鉴别的风险降低到可接受的水平
危害与风险分析	确定软件对系统危害的影响，分析必须确定对每个系统危害有影响的软件需求，确认软件针对每个危害的处理、控制和缓解措施。根据形成的危害分析报告、防范分析报告、需求评价报告、配置分析报告等审查并更新已有的风险分析结果，并对消除、减少和缓解风险提供建议
软件鉴定测试计划 V&V	编制鉴定测试计划并进行 V&V 是否满足相关准则
软件验收测试计划 V&V	编制验收测试计划并进行 V&V 是否满足相关准则

3）设计阶段

如表 3-5 所示，软件需求在设计阶段被转化为软件体系结构设计和软件部件详细设计，即组态图。设计 V&V 的目的是证明软件设计正确、准确、完整的转化了软件需求，且没有引入非预期的特性。主要包括软件设计评价、接口分析、可追溯分析、危害与风险分析。

表 3-5　核电厂软件 V&V 设计阶段内容

可追溯分析	分析软件设计说明和接口设计说明与软件需求追溯性关系的正确性、一致性、完备性和准确性，验证设计和接口描述中没有与软件需求无关的设计描述
软件设计评价	评价软件设计说明、接口设计说明、组态图等的正确性、一致性、完备性、准确性、可读性和可测试性
接口分析	验证并确认软件与硬件、用户、运行人员和其他系统的接口设计的正确性、一致性、完备性、准确性和可测试性
关键性分析	对先前关键性报告中的现有关键性分析结果进行评审和更新，验证未引入不一致或非预期的完整性影响
防范性分析	验证软件架构和详细设计满足了需求 V&V 已鉴别出的防范性需求
危害与风险分析	鉴别引发系统危害的软件设计，确认已对危害进行了处理、控制和缓解，开展风险分析并提供消除、减少或缓解风险的建议
部件测试计划 V&V	编制部件测试计划并进行 V&V 是否满足相关准则
集成测试计划 V&V	编制集成测试计划并进行 V&V 是否满足相关准则
部件测试设计 V&V	编制部件测试设计并进行 V&V 是否满足相关准则
集成测试设计 V&V	编制集成测试设计并进行 V&V 是否满足相关准则
鉴定测试设计 V&V	编制鉴定测试设计并进行 V&V 是否满足相关准则
验收测试设计 V&V	编制验收测试设计并进行 V&V 是否满足相关准则

4)实现阶段

如表 3-6 所示，软件设计在实现阶段被转化为具体的软件源代码、数据库结构以及可执行机器编码等。实现 V&V 的目的是验证并确认从软件设计到软件实现的过程是正确、准确和完备的。主要包括软件源代码部件(源代码和文档)评价、接口分析、可追溯分析、危害与风险分析。

表 3-6　核电厂软件 V&V 实现阶段内容

可追溯分析	分析软件源代码部件与相应的设计规格书(软件组态图)追溯性关系的正确性、一致性和完备性
源代码和源代码文档评价	评价软件源代码和源代码文档的正确性、一致性、完备性、准确性、可读性和可测试性

续表

接口分析	验证并确认软件源代码与硬件、用户、运行人员和其他系统的接口设计的正确性、一致性、完备性、准确性和可测试性
关键性分析	使用源代码，评审和更新对先前关键性报告中的现有关键性分析结果，验证未引入不一致或非预期的完整性影响
部件测试执行 V&V	验证软件部件的功能、性能、接口、代码结构、数据信息流等要求满足测试的验证准则
防范性分析	验证已按照软件设计中描述的防范性风险措施进行了实施，且没有由于代码编译或编译错误引入新的防范性风险
危害与风险分析	验证软件实现及其相关的数据元素正确的实现了关键需求，并且没有引入新的危害，并提供消除、减少或缓解风险的建议
部件测试用例 V&V	编制部件测试用例并进行 V&V 是否满足相关准则
集成测试用例 V&V	编制集成测试用例并进行 V&V 是否满足相关准则
鉴定测试用例 V&V	编制鉴定测试用例并进行 V&V 是否满足相关准则
验收测试用例 V&V	编制验收测试用例并进行 V&V 是否满足相关准则

5)集成与测试阶段

如表 3-7 所示，集成与测试 V&V 的目的是确保分配至软件的软件需求和系统需求已通过软件部件(单元或模块)的逐步集成测试得以确认。主要包括软件集成测试执行 V&V、可追溯分析、危害与风险分析。

表 3-7　核电厂软件 V&V 集成与测试阶段内容

可追溯分析	分析 V&V 软件集成测试计划、测试方案、测试用例和测试程序之间关系的正确性和完备性
集成测试执行 V&V	验证软件部件集成后的功能、性能、接口、数据信息流等要求满足测试的验证准则
鉴定测试执行 V&V	保证集成后的软件产品满足其需求
验收测试执行 V&V	验证软件在功能、性能、安全性、鲁棒性等方面满足系统要求
安全防范分析	验证实施完成的系统没有增加防范性的风险
危害与风险分析	验证集成、系统和验收测试中所使用的工具没有引入新的危害，根据形成的危害分析报告、防范性报告等审查并更新已有的风险分析结果，并对消除、减少和缓解风险提供建议

3.3.4 V&V 组织机构

核电厂安全重要的数字化仪控系统软件的安全性、可靠性高，虽然依据相同的标准，但是不同的 V&V 团队会有不同的成效。HAD 102/16 法规对 V&V 组织机构提出了要求：

技术独立性：V&V 工作应由未参与软件开发的人员使用不同的技术和工具完成，必须明确的表达对问题及建议方案的理解。技术独立性是发现那些容易被离解决方案太近的人忽略的微小错误的重要方法。

管理独立性：将 V&V 工作的职责授予与开发和程序管理组织分开的组织，V&V 工作独立的选择部分软件和系统进行分析和测试，选择 V&V 技术，确定 V&V 活动的进度，并选择要对其采取措施的特定技术议题和问题。允许 V&V 工作不受开发组织任何影响的将 V&V 结果、异常和调查结果提交给程序管理组织。

财务独立性：V&V 工作的预算由独立于开发组织的组织进行控制，防止因资金问题影响 V&V 工作的分析、测试或及时交付结果。

关于独立性，不同安全功能类别的软件要求存在差异，对于执行 A 类功能软件，IEC 60880—2006 要求为保证软件满足其质量目标，可以进行补充的验证活动作为对软件及其开发过程第三方评价的一部分，实施独立验证工作的方式由国家核安全监管部门确定。IEEE std. 7-4.3.2—2016 要求应满足技术独立性、管理独立性和财务独立性。IEEE std. 1012—2004 IL4 级 V&V 活动要求应满足技术独立性、管理独立性和财务独立性。对于执行 B 类功能软件，IEC 62138—2004 要求应由未参与开发活动的称职人员，包括对活动结果的使用有兴趣的人员代表，必要时包括其他专家来验证活动的结果。IEEE std. 1012—2004 IL3 级 V&V 活动要求宜满足技术独立性、财务独立性和有条件的管理独立性。

综上所述，建议的典型 V&V 组织机构结构及职责划分如图 3-8 所示。

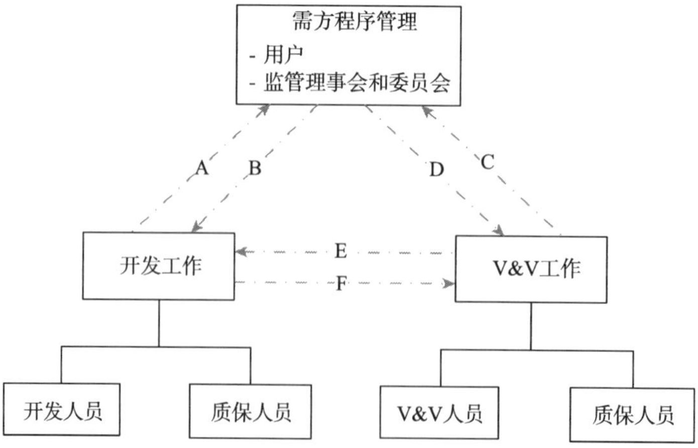

图 3-8 核电厂软件 V&V 组织机构

图中 A：提交程序文档、源代码、程序状态、程序预算、开发计划和进度。

B：对 A 中所列开发问题和可交付项进行批准、否决和建议。

C：提交 SVVP、V&V 任务结果、异常报告、活动摘要报告和其他特殊报告。

D：对 C 中所列 V&V 问题和可交付项进行批准、否决和建议。

E：按照需方程序管理的指导提交 V&V 任务结果、异常报告、活动摘要报告和特殊报告。

F：提交程序文档(例如：概念、需求、设计、用户手册、特殊报告等)、源代码和程序进度。

3.3.5　V&V 工具

核电厂安全级数字化仪控系统软件 V&V 的方法完备性和工具选择的合理性，直接影响到 V&V 活动的具体实施，决定着软件 V&V 的成效。如果工具选择不合理，可能导致 V&V 工具无法发现已经产生的错误或缺陷，甚至引入新的错误，从而对软件开发产生不利影响。因此，应结合软件 V&V 各个不同阶段，选择适用的方法和工具，以确保软件 V&V 各项活动有效、可靠。

HAD 102/16—2004 要求：应明确规定软件验证工具所实施的分析或检查。在任何情况下，工具应具有充分的安全可信性，以保证工具不危及最终产品的安全。除其他验证外，软件在役性能的反馈信息还对软件完成其预期功能的能力提供置信度。如果使用这样的信息，则应提供有关以往使用情况的分析，尤其是与建议的新环境的兼容性以及与建议的新应用的关系。

IEC 60880—2006 要求：应识别软件 V&V 工具的应用限制并存档，验证软件 V&V 工具及其输出未经判断不应在超出其声明的应用限制情况下使用应验证和评估软件 V&V 工具与其可靠性要求的一致性及引入错误的可能性软件 V&V 工具应具有足够的可靠性以确保其不会影响最终产品的可靠性，如该工具可能通过引入错误、产生错误输出或未能检测到已存在的错误而对软件开发产生不利影响；在选择软件 V&V 工具时，可采用纵深防御和多样化原则以降低对单个工具的可靠性要求。

IEEE std. 7-4. 3. 2—2016 要求：软件工具的输出应与该安全相关软件 V&V 水平保持一致，以确定软件工具的输出满足符合前一生命周期阶段所建立的需求。软件工具应具有与使用该软件工具的安全相关软件相同或更高质量的开发生命周期过程，以保证工具软件执行所需的功能特性。

IEEE std. 1012—2004 要求：V&V 工具鉴定的主要任务是验证 V&V 工具的特性和可用性以确保 V&V 工具执行正确的功能，且不会掩盖预期可以发现的错误；确认对已知问题和缺陷的正确操作、限制及解决方法；保证 V&V 工具的技术独立性，如果 V&V 人员与开发人员使用相同的工具，则应对该工具进行鉴定测试，以保证相同的工具不会包含可能掩盖用于分析和测试系统错误的错误；对于有广泛、良好应用业绩的成熟工具产品不要求进行鉴定测试。

因此，应证明选择使用的 V&V 自动化工具满足预期应用的可靠性要求，不会影响最终产品的可靠性，如：已经过鉴定测试、认证，具有广泛、良好应用业绩的成熟产品，可依据纵深防御和多样化原则选择多种 V&V 工具，以降低对单个 V&V 自动化工具的可靠性要求。在进行 V&V 策划时，应明确规定 V&V 自动化工具的应用范围，即所执行的分析或检查任务情况，不应在超出其 V&V 应用范围及其应用限制的情况下使用。

常见的软件测试专用工具如表 3-8 所示。

表 3-8　核电厂软件 V&V 测试专用工具

工具名称	基本功能	测试对象
Rational DOORS	需求跟踪管理	全部
SCADE	白盒测试、覆盖率分析	软件
TESTBED	代码静态分析、白盒测试、黑盒测试	软件
VectorCast	白盒测试、黑盒测试	软件
Klocwork	运行缺陷检查、安全性检查	软件
LEDA	代码规则检查	FPGA
nLint	代码规则检查	FPGA
HDL Designer	代码规则检查	FPGA
Questasim	功能/门级/时序仿真	FPGA
VCS	功能/门级/时序仿真	FPGA
Prime Time	静态时序分析	FPGA
FORMAILITY	逻辑等效检查	FPGA
Questa CDC	跨时钟域检查	FPGA
FormalPro	等效性检查	FPGA

3.3.6　V&V 常用的技术方法

结合目前国内核电厂数字化仪控系统的实际特点，总结出适用于核电厂数字化仪控系统软件 V&V 的技术方法，主要包括以下几种。

(1)追溯分析。追溯分析包括正向追溯分析和反向追溯分析，正向追溯分析是指从上一阶段的需求文件，如“安全级仪控系统需求”向下一阶段的设计文件如“安全级仪控系统设计”进行追溯，目的在于验证上一阶段需求文件中定义的所有需求在下一阶段设计文件中是否得到了有效实施；反向可追溯分析是指从下一阶段设计文件，如“安全级仪控系统设计”向上一阶段需求文件如“安全级仪控系统需求”进行追溯，目的在于验证下一阶段的文件的设计有据可依。

(2)文档审查。通过对文档的人工分析和评价，检查软件开发各阶段文档是否满足正确性、完备性、准确性、一致性、无二性、规范性及易读性等的要求。此方法不需要太多的测试准备工作，测试效果很大程度上依赖于测试人员的技术水平和测试经验。

（3）静态分析。包括控制流分析、数据流分析、接口分析、表达式分析，此方法是在不执行程序的情况下对软件代码进行分析，包含程序规模、模块数、注释率、模块圈复杂度等信息的分析。代码静态分析开展之前，应对自动化测试工具和测试标准/规范的选取进行分析，以确保其适用于核电厂安全级数字化仪控系统的高要求。

（4）代码走查。通过人工方法沿程序逻辑进行审查，查找其缺陷，例如语法检测、代码书写规范检查等，并验证代码实现与软件功能需求的一致性。

（5）代码审查。依据软件行业主流标准（如普遍采用的MISRA-C—2004“工业标准的C编程规范”、GJB 5369—2005“航天型号软件C语言安全子集”等）和开发部门确定的编码规范，确定代码审查的检查内容；根据被测软件文档对代码和设计的一致性、代码执行标准的情况、代码逻辑表达的正确性、代码结构的合理性以及代码的可读性进行审查。

（6）黑盒测试。依据软件行业主流标准，将程序看作是内部不可见的黑盒，不考虑内部/编码结构和语句路径，通过专用工具从程序输入与输出间的关系检查测试结果是否满足预期要求。此方法依靠软件设计说明书中的功能来设计测试用例，以检验软件的功能完整性，测试用例设计应具有代表性，覆盖各种合理的和不合理的、合法的和非法的、边界的和越界的以及极限的输入数据和期望输出。

（7）白盒测试。依据软件行业主流标准，通过专用工具设计测试用例分析程序内部逻辑/编码结构，覆盖程序的每个语句、每个条件分支、每个控制路径，检验其是否存在缺陷或错误。此方法根据软件内部构造设计测试用例，检验代码测试的完整性。对于核电厂核安全级数字化仪控系统的模块测试须达到MC/DC 100%的覆盖率要求。

对于可编程逻辑器，常采用的测试方法包括：

（1）代码规则检查。采用测试工具自动检查设计的代码编写风格、代码可综合性、时钟、跨时钟域分析、亚稳态分析和复位规则等；设置规则集，在编码规则检查工具中，对程序代码开展规则检查，由人工对代码检查结果进行二次分析确定编码是否违反规则集要求。

（2）功能仿真/门级仿真/时序仿真。对软件需求规格说明中的需求逐项进行功能仿真测试，覆盖率分析报告应包含FPGA软件代码的语句、分支、条件、表达式、有限状态机以及翻转覆盖率等信息。功能仿真是RTL代码进行仿真，主要考核逻辑实现与需求的一致性，不考虑硬件延时；门级仿真是针对逻辑综合后网表文件开展仿真测试；时序仿真是针对布局布线之后的网表文件和标准延时格式文件开展仿真测试，考虑了门级延时和布线延时，在线宽为深亚微米尺寸和频率较高的设计中尤其重要，可给出代码、功能覆盖率等统计信息。

（3）等效性检查。对综合前后的设计以及布局布线后的设计进行自动化等效性检查，判断编译后网表文件和代码所预期功能是否一致。

（4）静态时序分析。目的是发现使芯片时序失效和对芯片性能起决定作用的电路关键路径；“时序分析”可由综合器和厂商 IDE 提供的时序分析提供简单的报告，更详细和精确的时序分析需要使用静态时序分析软件。

(5)故障模式与失效分析(FMEA)。一种定性归纳分析法，它主要考虑某一时刻该设备/系统内的一个失效(单一故障)，按照规定的基本规则记录系统设计中所有可能的故障，通过故障模式分析决定每种故障对系统工作的影响并确定单点故障，也就是那些对任务成功或者设备安全致命的故障。它还可以根据故障影响的致命度等级及故障发生的概率把每一故障排序。这种分析方法包括故障模式及影响分析和致命度分析。

(6)故障树分析法(FTA)。一种自顶向下的可靠性分析方法，即从系统不希望发生的事件(顶事件)，特别是对人员和设备的安全及可靠性产生重大影响的事件开始，向下逐步追查导致顶事件发生的原因，直至基本事件(底事件)，并对建立的故障树进行定性与定量分析，为寻找避免顶事件发生的改进措施提供依据。

3.4 小结

为了提高核电厂的安全性、可靠性和经济性，核电厂仪控系统的数字化是核电技术发展的必然趋势。数字化可以较容易地解决模拟系统难以解决的问题，但是软件的应用给安全性带来了威胁，因此必须实施严格的 V&V 活动。本文在参考安全级软件 V&V 国际标准的基础上，总结了数字化仪控功能验证和软件 V&V 技术，主要内容如下：

(1)本文分析了国内外安全级数字化仪控系统 V&V 的有关标准和导则，对 IEC 国际标准、IAEA 有关导则、美国 NRC 的法规导则、美国 IEEE 标准和国内相关标准分别进行了总结和描述。

(2)本文总结了数字化仪控系统功能验证的准则及方法，包括仿真验证工具建立、验证程序的编写、验证工具的配置、验证问题闭环管理等内容。该方法可以很好地服务于数字化仪控系统的设计验证，既可以全面准确验证系统的功能，又可以通过标准化验证提高效率，减轻测试人员负担，还能对设计优化和设计改进提供直观和确切的参考依据。

(3)本文对软件 V&V 的各个阶段(包括验证仪控系统需求到仪控系统设计、仪控系统设计到软件需求分析、软件需求分析到软件设计、软件设计到软件实现、软件实现到软件集成)工作任务进行了详细分析，并对 V&V 的组织机构、验证工具和常用验证方法进行了描述。

参考文献

[1] 吴秀坤，王根生. 核安全级数字化仪控系统软件验证和确认技术标准研究. 核标准计量与质量，2014(04)：16-22.

[2] 郑骈垚，钟柏，马象睿. 核电厂 DCS 软件验证与确认标准体系分析. 自动化仪表，2017，38(03)：13-17.

[3] IEC 61513 Nuclear power plants-Instrumentation and control important to safety—general equipments for systems. Switzerland：IEC，2011.

[4] IEC 60880：2006 Nuclear power plants—Instrumentation and control systems important to safety—software aspects for computer—based systems performing category A functions. switzerland：IEC，2006.

[5] IEEE Std 1012—2016 EEE Standard for software verification and validation. US：IEEE，2016.

[6] 国家核安全局. 核动力厂基于计算机的安全重要系统软件. 北京：国家核安全局，2004.

第 4 章

系统集成测试与工程实践

4.1　核电数字化仪控仿真验证平台

4.1.1　核电数字化仪控仿真验证平台技术特点

(1)数字化仪控系统介绍

1)概述

数字化仪控系统是一个由过程控制级和过程监控级组成的以通信网络为纽带的多级计算机系统，综合了计算机(Computer)、通讯(Communication)、显示(CRT)和控制(Control)等4C技术，其基本思想是分散控制、集中操作、分级管理、配置灵活、组态方便。

2)功能分层

核电厂仪控系统按照功能不同可划分为四层，现场层，过程管理层，操作管理层，企业管理层。

Level 0：现场层(Field Level)

构成：由现场的执行机构及采样传感器构成。

功能：执行控制，实现输入输出，面对的是模拟的层次，直接与执行设备(如电机、继电器等)连接，接收上层的控制信号或将数据传送到上层。

Level 1：过程处理管理层(Process Management Level)

构成：由带有CPU的控制器构成。

功能：接收操作管理层的命令，将命令进行解释，对于下层现场层连接的设备实施控制(例如收到操作管理层的关阀门的命令后，将该命令翻译成电源的通断控制电动阀的关闭)，同时收集下层反馈回来的信息，将信息向操作管理层传送。

Level 2：操作管理层(Operation Management Level)

构成：由一些操作计算机工作站和终端网络构成。

功能：操作员使用该层对于电站的生产过程操作进行管理，向下层发送控制执行命令(例如关阀门命令)。

Level 3：企业管理层(Enterprise Management Level)

构成：由计算机网络和计算机构成。

功能：对于操作管理层传送来的信号进行进一步综合分析，为整个电站的生产维修决策作支持，例如收到主泵震动高信息时进行机组退状态或紧急抢修策略的制订。

3)主控室基本布置和设备

主控制室是核电厂的监控中心。主控制室的设计是为了核电厂的所有运行工况进行集中、有效地监督以及安全地进行操作，并能采取措施使电厂维持其安全状态，或者能在遭受事故或设计基准事故后使核电厂回到安全状态。应采取适当的措施以保障控制室人员的安全，例如，不受事故工况所造成超标的核辐射或者有毒气体的危害。

LEVEL2 层的基本结构主要包括两个部分：

①过程信息和控制系统（PICS）；

②安全信息和控制系统（SICS）。

（2）核电数字化仪控系统仿真方式及技术特点

科学技术发展到 21 世纪，系统仿真学科已经形成较为完善的体系。仿真技术由于其有效性、可重复操作性、经济性和安全性等特点，日益显现出其重要性和广泛应用性。可以说，仿真技术应用范围极为广泛。随着我国电力工业的高速发展，电力系统的仿真市场非常红火。而在电力领域，核电机组的仿真应用得最早。早在 1979 年 3 月，著名的美国三哩岛核电站核泄漏事故为电力工业仿真技术敲起了警钟。调查委员会对于这次重大的核泄漏事故提出的结论之一是：三哩岛事件的深刻教训是操作员的培训很不充分，只在不甚了解电厂生产管理过程的锅炉制造厂的模拟机上培训。因此，调查委员会提出每个电力公司应有完全仿真电厂控制室的模拟机。操作人员和管理人员应在该模拟机上进行培训，并且保证培训的高度真实性，应包括所涉及的动态过程。

而在实际应用中，仿真技术通过三种不同的技术方案得以实施，最终达到设计调试、人员培训、检测诊断、事故预警的目的，实际上这三种技术方案都是通过将真实 DCS 设计在非 DCS 的计算机系统中再现的方式实现的。

模拟仿真技术（Simulation）：通过仿真技术，只需在设计部门完成仪控控制逻辑功能设计就可以根据设计图纸完成仿真。这种仿真模式成本不高，能够完成复杂的培训仿真的功能，在工程设计阶段也可以用来验证核电站工艺和仪控设计方案是否可行、有无错误、能否优化。一般只针对 100 多个主要工艺系统进行模拟，精度和响应上不要求达到电站的深度。

虚拟 DCS（Virtual）：这种技术方案是将 DCS 组态下装文件进行智能编译转换，建立虚拟运行技术平台。这种方案主要运用于 DCS 下装文件设计完成后，实现成本略高于仿真技术方案，但是低于最小 DCS。该方案是基于仿真平台开发与 DCS 的功能库、动态图形库一致的专用模型工具，并开发转换工具，通过转换工具直接将 DCS 组态软件翻译到仿真平台上。在专用模型工具的支持下，DCS 组态软件能够在仿真平台上运行并实现对实际 DCS 的仿真。该方案优点是仿真逼真度较高，DCS 仿真与过程仿真一体化，仿真功能易于实现，缺点是 DCS 组态软件的不开放性和不通用性将大大增加翻译技术开发的难度，也降低了仿真逼真度。

激励 DCS（Stimulation）：也称最小 DCS，这种技术方案全部采用真实的 DCS 的硬件、软件和网络系统的适当或是最小配置。这种方案逼真度高，但是成本高昂，与仿真模型也很难对接。目前，数字化仪控系统的仿真通常采用虚拟仿真、翻译仿真和模拟仿真 3 种技术方案。激励 DCS 仿真(Virtual)方案基于 DCS 组态平台，结合模拟机的特殊要求，开发最小 DCS 平台，该平台具备 DCS 组态平台和模拟机 2 个功能，DCS 组态应用软件可直接在虚拟 DCS 平台上运行并实现对 DCS 的仿真。该方案优点是仿真逼真度高，缺点是 DCS 组态软件的固有结构往往会限制仿真功能的开发，而且 FSS 开发方和使用方会受到 DCS 开发方的很大限制。

虚拟仿真方案和翻译仿真方案必须依赖于 DCS 的组态软件，从而影响 FSS 的构建时间，因此需要及时获得正确可用的 DCS 组态软件。

模拟仿真方案(Simulation)是基于仿真平台并依靠仿真平台的通用逻辑和控制模型工具、动态图形开发工具以及针对 DCS 的一些特殊功能库和动态图形库开发的专用模型工具，在设计参数基础上进行控制逻辑和人机界面的建模，达到对 DCS 的仿真。该方案使用设计数据，不需要 DCS 的组态软件，因此不受 DCS 的限制。此外，无论是由 DCS 控制的设备，还是其他第三方控制系统控制的设备，由于都在同一个仿真平台上进行建模，因此无论是控制系统，还是控制系统与过程对象之间都为一体化，从而可很好地实现仿真功能。该方案的缺点是在 DCS 交付前人机界面的仿真度相对较低，需要在 DCS 交付后进行更新。图 4-1 展示的是在仪控设计的全生命周期中几种典型的系统仿真技术。

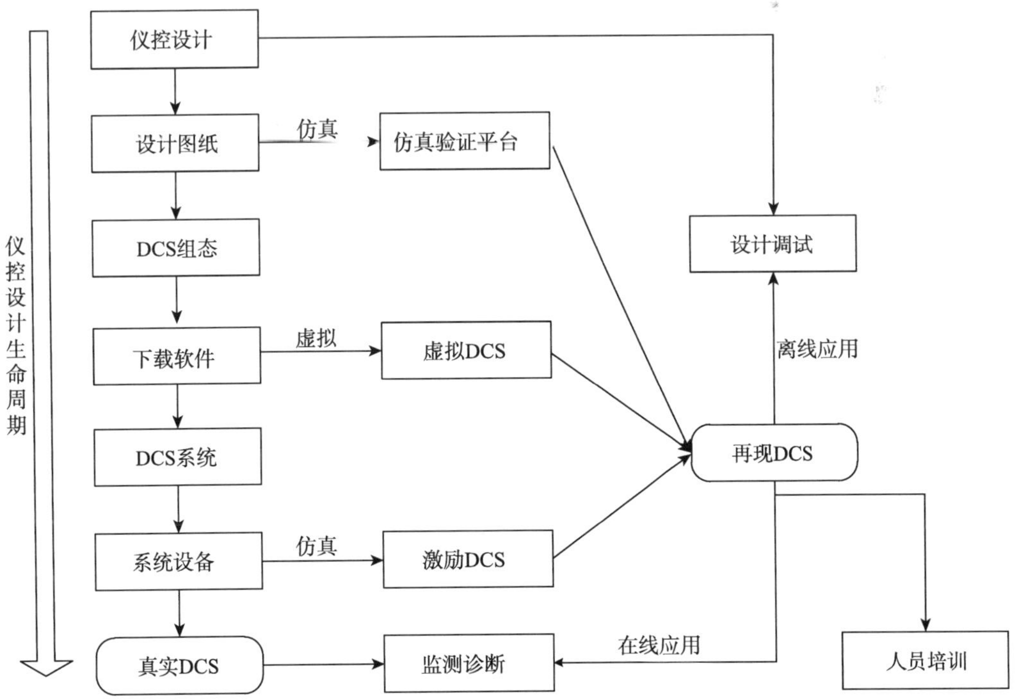

图 4-1　仪控系统仿真技术方案

仿真验证平台的硬件设备具备以下特点：

1)通用性强

仿真验证平台的硬件并未直接采用特定 DCS 厂商的硬件产品，而采用了通用性更强、维护成本更低的标准 PC 工作站和服务器，这样一来仪控验证平台的功能将不再受到具体 DCS 产品的局限，而可根据设计和研究的需求进行灵活配置。

2)开放性好

仿真验证平台的计算机硬件均通过标准的 TCP/IP 协议进行连接通信，可根据研究需要增加、减少计算机工作站的数目，或更改计算机体系结构的配置，而且可方便地进行二次开发，连接第三方工具，扩展验证平台功能。

3)计算性能和实时性优越

仿真验证平台的采用了高性能的服务器和 PC 工作站，可实现核电电站过程模型的动态实时运行。

4.1.2 核电数字化仪控仿真平台方案设计

(1)核电仿真验证平台架构设计

1)数字化仪控系统仿真验证平台概述

数字化仪控系统仿真验证平台参照真实核电厂主控室的环境设计来进行建设。同时，以真实核电厂设计数据为依据，利用先进的仿真平台工具软件开发压水堆核电厂动态过程仿真模型。该验证平台所包含的数字化人机界面系统提供了核电厂数字化主控室主要的监视和控制功能，可提供界面管理、电厂监视/控制、报警管理、数字化规程执行等功能，基本与真实电厂功能和执行效果保持一致，为工程设计验证工作提供逼真的运行环境。

此平台与全范围模拟机的培训目的不同，主要是在工程设计阶段提供服务，而且相应的灵活性更高，需要具有以下主要特点：

①采用先进成熟的、开放性良好的建模组态软件，实现数字化控制系统人机界面的开发；

②数字化控制系统的人机界面功能与过程仿真模型进行集成，满足数字化人机界面设计验证、确认的要求；

③平台具有灵活性、先进性，如图形化、模块化建模，采用了面向对象代码设计；具有良好的开放性、可扩展性和可移植性，修改使用和维护比较方便；

④定制开发了 AutoCAD 和 Visio Drawing 自动导入工具，可将电子版设计文件自动导入平台，并实时生成可执行代码，大大节省了平台开发的工作量，并且提高了开发的自动化程度。

压水堆核电厂仪控系统验证平台主要应用于以下几方面。

①系统画面功能验证；

②报警卡及报警抑制功能验证；

③数字化运行规程验证；

④事故处理规程包括SOP的设计验证；

⑤人机接口功能的设计方案论证和比较；

⑥自主设计的模拟图、逻辑图的正确性进行验证；

⑦后备盘BUP，紧急停堆盘ECP设计验证；

⑧引入实际的DCS最小配置系统，可对DCS系统实施控制逻辑验证，并与设计功能进行实现方案的一致性比较；

⑨其他具有工程实际需求背景的验证和测试；

⑩培养和锻炼设计者，通过平台验证工作，加深其对系统工艺的理解，并运用到设计中。

在中广核新一代压水堆核电站新项目逐步上马之后，作为操作员预培训的一个重要场所，可分担全范围模拟机培训潜在的巨大压力。

2)仿真验证平台硬件建设参考依据

主要包括：

①EJ/T 1110—2000；

②真实核电厂控制室系统设计方案；

③真实核电厂主控室布置设计技术规范；

④真实核电厂DCS合同技术附件；

⑤真实核电厂后备盘布置设计技术规范。

(2)平台软硬件方案设计

数字化仪控系统工程设计验证平台主要对电厂计算机和控制系统以及安全信息控制系统(后备盘)功能进行了仿真模拟，并且以计算机软操作的方式模拟了硬盘台的功能。

仪控验证平台系统硬件设备配置如下：

1)模型服务器

用于仿真数学模型的实时运算。

2)备份模型服务器

作为文档和版本管理、网页规程的发布服务器。

3)核岛操作员站

操纵员工作站的功能主要是向操纵员提供控制、显示、报警三类功能。相应的控制接口装置有键盘(附有功能键)、鼠标(或滚动球)等，显示接口为视频显示终端，每个操作员站带有6台显示器。

4)常规岛操作员站

功能同核岛操作员站，两个操纵员工作站的设计是完全一样的，具有相同的控制、监督、操作功能，达到相互兼容、备用的目的，以提高操纵员工作站的可靠性。

5)值长站

值长通过值长工作站上的显示。可以了解核电厂的整个状态并监督操纵员的工作，但值长不直接执行控制功能，其控制功能平时被闭锁。

6）安全工程师站

安全工程师站上的终端设备可以选择显示核电站系统和设备的状态，以了解和分析核电站当前的状况。对电厂的安全状况做出判断，提出操作和处理的建议。

在一台操纵员工作站发生故障的情况下，值长工作站或安全工程师工作站还起着后备工作站的作用，操纵员可以按其授权打开值长或安全工作站的控制功能，使其转为操纵员工作站。

7）电站总貌大屏幕

大屏幕显示器用于显示电站主要参数、主要设备状态和安全保护系统状态，它置于主控制室正面，面向操纵员，为操纵员和进入主控制室的所有人员在电厂正常或事故工况期间观察其电厂的总貌。大屏幕显示器的显示控制由操纵员执行，其显示内容可以与操纵员工作站上的显示的内容相互补充。

8）软后备盘

以软件方式模拟后备盘的硬盘台，正常情况下处于监视模式，在从 KIC 切换到后备盘之后，可用于控制电厂的主要设备。

9）教练员站

用于设定平台仿真运行的电厂工况，并可模拟就地控制命令和设置电厂故障。

10）ECP 应急操作盘

用于在紧急情况下由操纵员手动停堆和手动启动专设安全设施，采用硬接线方式从主控室直接连到驱动机构或 1 层的自动化处理级上。紧急操作设备位于两个操纵员工作站之间。

11）管理员站

该计算机工作站主要提供人因工程实验室模型配置和功能开发的功能。

12）高速以太网交换机

所有的计算机设备通过网线连接至此交换机，其作为平台局域网通信的中心。

13）UPS 电源

在动力电失去的情况下为模型服务器与备份服务器供电，保证数据的不丢失。

（3）仪控验证平台安装环境设计

数字化仪控系统工程设计验证平台是与真实核电站主控室 1∶1 的比例进行设计建造的，主要包括以下设备：

1）两台计算机化的操纵员工作站；

2）计算机化的机组长站；

3）计算机化的安全工程师站；

4）大屏幕显示；

5）后备盘；

6）紧急操作装置（ECP）。

4.1.3 核电数字化仪控仿真验证平台集约化建设与管理

仿真验证平台是运用先进的计算机仿真技术与数学建模技术模拟核电厂运行的一项复杂系统工程，依照核电厂真实主控室模拟建造一个高度仿真的研究分析模拟机。因此，一个核电项目的仪控设计验证平台首先需要建造一个与核电厂主控室大小、配套设施一致的厂房。包含服务器，工程师站、教练员站、操纵员站、执长站、安工站、S_VDU 站、大屏幕、ECP 盘、后备盘、网络交换机、UPS 电源、机柜、操作台等大量的硬件设施。

随着多项目同时设计与建造，如果按照正常的建设模式，就需要建设多个项目的仪控设计验证平台，并配置多个验证平台主控室厂房，同时，需要采购多套硬件设备。显然，如果按照正常的建设需要耗费公司大量的人力与物力。鉴于仪控设计验证平台是一种分析研究型的模拟机，因此非常有必要研究出一种可行的方法实现多核电项目仪控设计验证平台共用一套硬件运行，共用同一个厂房。实现多项目设计验证平台的集约化管理，集约化设计验证，在很大程度上节约了公司成本。

(1)仿真验证平台软硬件组成与网络结构

1)仿真验证平台软件组成

以项目一设计验证平台为例，设计验证平台软件主要包括实时仿真平台软件、教控台软件、人机界面软件、仿真模型开发工具。实时仿真平台软件安装运行在 Windows Server 2003 Standard Edition 操作系统上。其他软件全部安装于运行于 Microsoft Windows XP Professional sp 3。

2)仪控设计验证平台硬件组成

项目一仪控设计验证平台硬件主要包括：操作台、模型服务器、备用模型服务器、UPS 电源、服务器机柜、网络交换机、UPS 电源、核岛操纵员站电脑、常规岛操纵员站电脑、执长站电脑、安工站电脑、S-VDU 站电脑、大屏幕工作站、工程师站、教练员站、后备盘电脑、ECP 盘电脑、打印机。

设计验证平台都是属于 C/S 结构，C/S 又称 Client/Server 或客户机/服务器模式。网络结构图见图 4-2。

(2)核电数字化仪控仿真验证平台多机组多模型切换技术

通过上面我们对设计验证平台厂房要求分析，多套设计验证平台可以同时安装在项目一仪控设计验证平台主控室里面。现在我们已经建设好项目一仪控设计验证平台，该平台主控室依照电厂真实主控室 1∶1 模拟建造与装修。因此我们实现了多套验证平台共用场地。对于在一套硬件上安装多套验证平台软件，并且能各自相互运行，数据传输正确，不冲突。主要方法如下。

1)方法一：n 套设计验证平台分别采用 n 个服务器，共用所有客户端电脑，共用一个局域网。

由于设计验证平台都属于 C/S 结构，服务器分开，各自项目的模型数据与仪控数

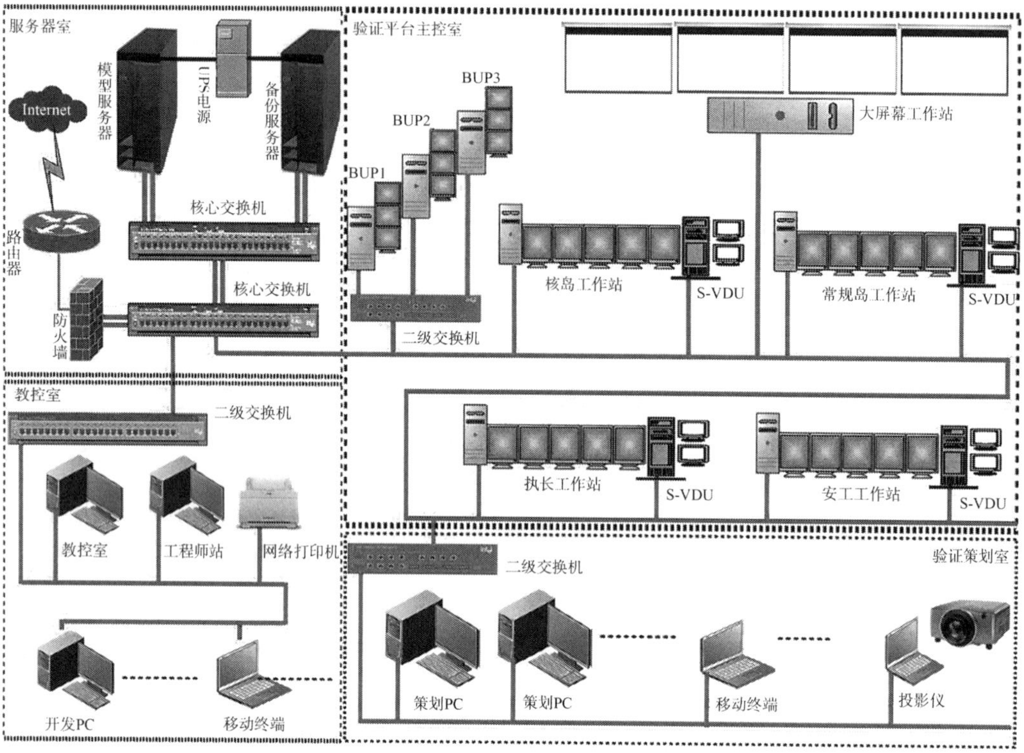

图 4-2　验证平台网络结构图

据都存储在各自服务器上。由于服务器是独立的，因此各自服务器的数据服务端是独立的，每台服务器有独立的 IP 地址，独立的 TCP/IP 端口。如果每个客户端同时安装上 n 套设计验证平台的客户端软件，同时运行客户端软件。该方法需要增加一个服务器机柜，需要开发一个客户端界面显示切换软件。该方法的网络拓扑图如图 4-3 所示。

2)方法二：n 套设计验证平台采用一个服务器，共用所有客户端电脑，共用一个局域网并且共用客户端人机界面软件。

该方法最大限度地实现了验证平台共用一套硬件，设计验证平台只采用一个服务器，这需要引入服务器虚拟机技术与客户机套接字多线程通信。

虚拟机技术是通过软件模拟具有完整硬件系统功能的、运行在一个完全隔离环境中的完整计算机系统。虚拟机(VM)是支持多操作系统并行运行在单个物理服务器上的一种系统，能够提供更加有效的底层硬件使用。在虚拟机中，中央处理器芯片从系统其他部分划分出一段存储区域，操作系统和应用程序运行在“保护模式”环境下。虚拟机实际是在一台电脑上将硬盘和内存的一部分拿出来虚拟出若干台机器，每台机器可以运行单独的操作系统而互不干扰，这些“新”机器各自拥有自己独立的 CMOS、硬盘和操作系统，你可以像使用普通机器一样对它们进行分区、格式化、安装系统和应用软件等操作，还可以将这几个操作系统联成一个网络。因此我们在 1 台服务器上运用虚拟机技术，虚拟 3 台服务器，在虚拟的 3 台服务器上运行其他三套设计验证平台的

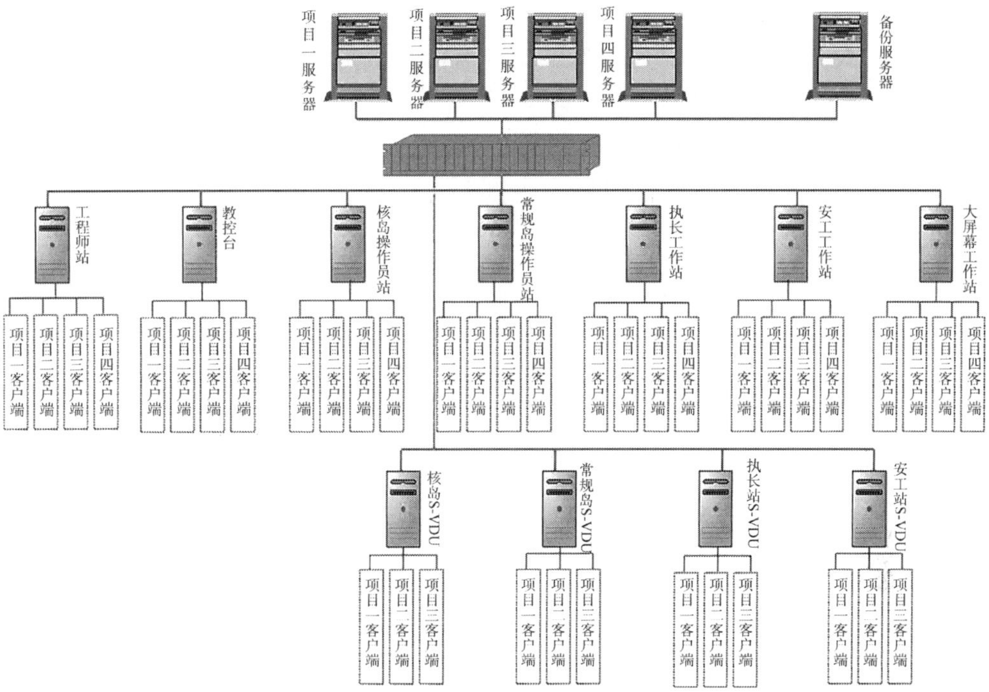

图 4-3 方法一结构图

服务端程序与进程。通过虚拟机技术，只需要采购一台服务器，就能实现 n 台服务器的功能，由于每个虚拟机都需要占用物理硬盘与物理内存，因此需要在采购服务器时相应的提高服务器硬盘容量与内存大小。我们采用桥接模式配置虚拟机网络，这样虚拟机就能和主机一样成为主机所在局域网络上的“真实”的计算机。能拥有主机所在局域网的 IP 地址，能使用主机所在网络的所有服务。同样的主机以及主机所在网络上的任何物理计算机也都可以使用虚拟机提供的所有资源与服务。该方法的网络拓扑结构如图 4-4 所示。

通过虚拟机技术能解决了服务器端的问题，接下来需要引入套接字多线程通信解决客户机人机界面软件的通信问题。为实现 n 套设计验证平台共用一个客户机的人机界面软件，目前的方案是，客户机的人机界面软件开发出一个多线程的套接字通信模式。简单来说，就是客户机的人机界面软件只是一个空架子，所有数据来自服务器。客户机需要开发 n 个通道的套接字，每个通道对应一个设计验证平台。通道一对应项目四设计验证平台，通道二对应项目一设计验证平台，通道三对应项目二仪控设计验证平台，通道四对应项目三仪控设计验证平台。

套接字，是支持 TCP/IP 的网络通信的基本操作单元，可以看作是不同主机之间的进程进行双向通信的端面点，简单地说就是通信的两方的一种约定，用套接字中的相关函数来完成通信过程。计算机网络中应用层通过传输层进行数据通信时，TCP 和 UDP 会遇到同时为多个应用程序进程提供并发服务的问题。通过开发客户机的多线程

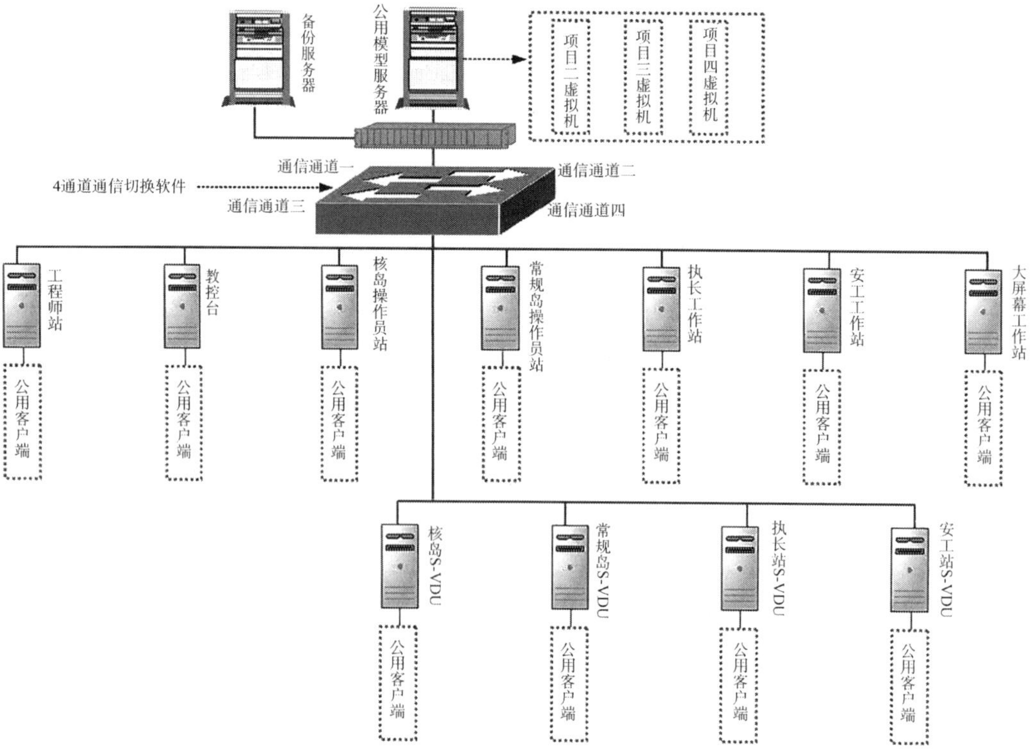

图 4-4　方法二结构图

套接字通信，实现 n 套设计验证平台完成各自独立的数据传输与交互。

该方法需要考虑公用模型服务器的 CPU 负荷与内存容量、硬盘容量。我们现在已有的服务器是高性能的 DELL POWEREDGE R910。通过测试其中一套验证平台的 CPU 负荷(图 4-5)与内存使用(图 4-6)情况如下。

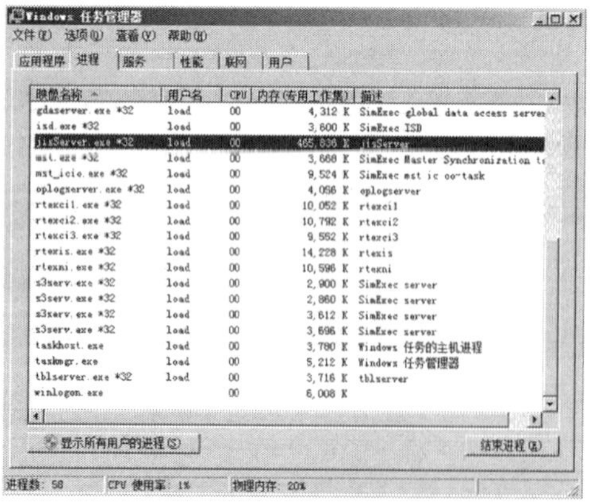

图 4-5　内存使用

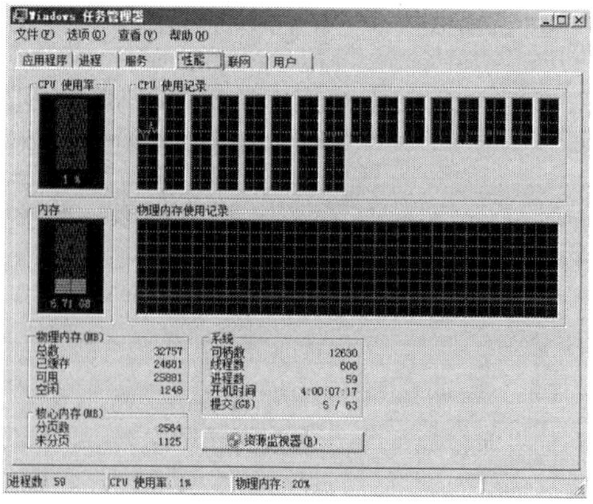

图 4-6　CPU 负荷

3) 两种实现方法对比分析

方法一实现方法简单，但是需要多采购多台服务器，一个服务器机柜，服务器

KVM 切换装置。客户机硬件性能需要提高，需要升级客户机的 CPU，升级客户机的内存。方法二实现方法复杂，但是真正做到了 n 套仪控设计验证平台共用一套硬件，共用一个局域网。不需要采购多的硬件设施。不过需要引入很专业，很复杂的虚拟机技术，同时需要开发客户机多线程套接字通信软件。两者对比分析见表 4-1。

表 4-1　两种方法对比分析

序号	优点	缺点	难点
方法一	1. 实现方法简单； 2. 数据通信独立； 3. 独立的客户机人机界面软件	1. 需要采购额外 3 台服务器，以及多台服务器的配套设备机柜、KVM 切换设备，价格昂贵； 2. 客户机性能需要升级，至少需要提升 CPU 与内存容量； 3. 由于 4 个服务器同时运行，局域网上数据流量大，增高了网络故障率	无
方法二	1. 真正做到了 4 套仪控设计验证平台共用一套设计验证平台的硬件，只需要采购一套设计验证平台的硬件，无须额外采购多的硬件； 2. 引入虚拟机技术最大程度地提高了服务器的使用价值，一台服务器相当于多台服务器”； 3. 引入了多线程套接字通信方式，降低了局域网络的数据传输负荷，从而降低了网络故障率	需要进行高难度的软件开发	1. 服务器虚拟机技术； 2. 客户机多线程套接字通信

该方法将在仪控设计验证平台进行推广实施，具有以下意义：

①n 套验证平台共用一个主控室节约了主控室场地。能节约数百万元的场地建设费。

②n 套验证平台共用一个主控室能节约硬件。每套硬件包括 2 台模型服务器，1 台教控台电脑，1 台工程师站电脑，2 台操纵员站电脑，1 台大屏幕站电脑，1 台 ECP 盘站电脑，1 台机组长站电脑，1 台安工站电脑，4 台 S-VDU 站电脑，3 台后备盘站电脑，一套网络设备(包括 24 口千兆交换机，网线，转接头等)。节约的 3 套硬件合计包括 6 台服务器，45 台主机，72 个 19 寸标准显示器。

4.2 系统集成

4.2.1 系统组成

核电数字化仪控综合验证系统，能够有效确保核电数字化仪控系统从功能设计、设备制造到调试和安装各阶段的过程质量与输出质量控制，达到系统的高质量和高可靠性要求，其主要由核电数字化仪控设计验证平台、核电仪控系统制造质量控制虚拟高保真测试平台和核电数字化仪控系统现场调试验证平台组成，如图 4-7 所示。

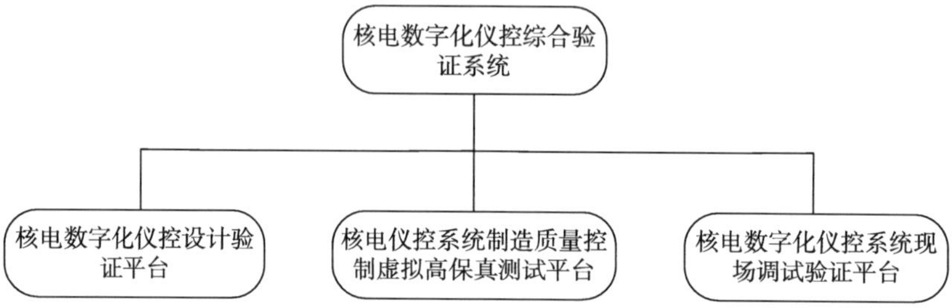

图 4-7 核电数字化仪控综合验证系统组成

核电厂数字化仪控设计验证平台，利用计算机仿真技术，开发压水堆核电厂的工艺过程模型和控制模型，并与主控室人机界面进行集成，组成闭环和动态的仿真系统，利用该系统动态实时地模拟核电厂的典型工况和瞬态。

核电仪控系统制造质量控制虚拟高保真测试平台，通过高保真模型与通信接口程序开发，搭建一套适合于制造过程质量控制人员开展测试试验工作的平台，实现资源优化配置，改善上下游、前后台的沟通协作，提高设计与制造质量，缩短项目工期，降低工程成本。

核电数字化仪控系统现场调试验证平台，利用核电厂仿真技术，叠加标准工控软、硬件平台，研发适用于现场调试的、可移动的、分布式核电厂数字化仪控系统组态功能调试装置及其子系统。

4.2.2 系统集成与测试

核电数字化仪控综合验证系统在个各子平台研制完成后，利用仪控系统完全模拟和集成虚拟相结合的方式，通过网络实现三个平台间的数据传输及终端显示，打通核电数字化仪控系统产业链各阶段的技术与管理壁垒，实现全系统的集成，使系统功能、性能达到设计目标，并依托该系统完成仪控产品设计、制造、调试一致性验证，实现数字化仪控系统的全周期验证，有力保障核电的安全质量。

以仿真设计验证平台为核心，重点关注综合验证系统的功能、性能、安全性、可运行性和可靠性，利用接口与集成技术，实现设计、制造和调试等各阶段资源共享，综合验证系统集成与测试内容，内容主要包括：

(1) 设计验证平台多系统集成与测试。核电厂是一个巨型复杂系统，整个核电厂的安全运转涉及 300 多个系统，开展综合验证需要针对这 300 多个系统建立仿真模型，并将众多系统集成进行测试验证，需要解决系统边界耦合、数据通信和验证功能分配分解等关键技术问题。

(2) 设计验证平台工艺过程、控制模型与主控室人机界面集成与测试，解决逻辑与画面的一致性和正确性问题。

(3) 核电仪控制造质量控制虚拟高保真测试平台与仿真设计验证平台数据交互和连接，通过通信接口程序，实现资源优化配置，改善上下游、前后台的沟通协作，提高设计质量，缩短项目工期，降低工程成本。

(4) 核电数字化仪控系统现场调试验证平台与仿真设计验证平台数据交互和连接（如图 4-8 所示），通过远程通信，并以“硬接线”方式接入核电厂的控制系统，实现半实物仿真验证，优化核电仪控系统调试进度，提高核电站控制功能的自动控制系统性能，提升质量管控水平。

图 4-8　核电数字化仪控综合验证系统

4.2.3　系统工作流程

基于核电数字化仪控综合验证系统开展核电厂数字化仪控系统在设计、制造、现场安装和调试过程中的测试，及时发现问题、改进设计，保证最终产品满足核电厂特殊要求，达到提高核电厂可靠性和经济性的目的。

核电厂数字化仪控系统测试是 I&C 验证和确认的重要组成部分，伴随着 I&C 验证和确认的全过程。在核电厂仪控系统的设计、制造、现场安装和调试过程中，依托核电数字化仪控综合验证系统，检测每个阶段的仪控产品是否满足用户要求，证明仪控系统或者设备是否可以进行整个电厂测试且能够支持电厂运行，最终为软硬件的集成系统实现所要求的功能并具有足够的可靠度提供依据，减少设计缺陷和制造、安装、调试问题，缩短仪控系统设计、制造周期，减少资源浪费，降低成本。

核电数字化仪控综合验证系统测试项目主要包括新建电厂项目和改造项目。测试范围以系统界定，可以是整个电厂仪控系统，也可以按照是否是安全级系统、控制系统来分，或以子系统、机柜进行划分，甚至以更低层次(如电源模块、处理器、I&O 模块)划分。测试对象是每个项目中仪控系统设计、制造、现场安装和调试各阶段的产品，包括设计规范、要求文件、软件、硬件和软硬件集成设备或者系统。

通过系统集成和各类测试手段消除核电数字化仪控综合验证系统的故障和隐患，保障核电数字化仪控综合验证系统处于良好的工作状态，形成完整有序的核电数字化仪控综合验证业务运行流程，其工作流程如图 4-9 所示。

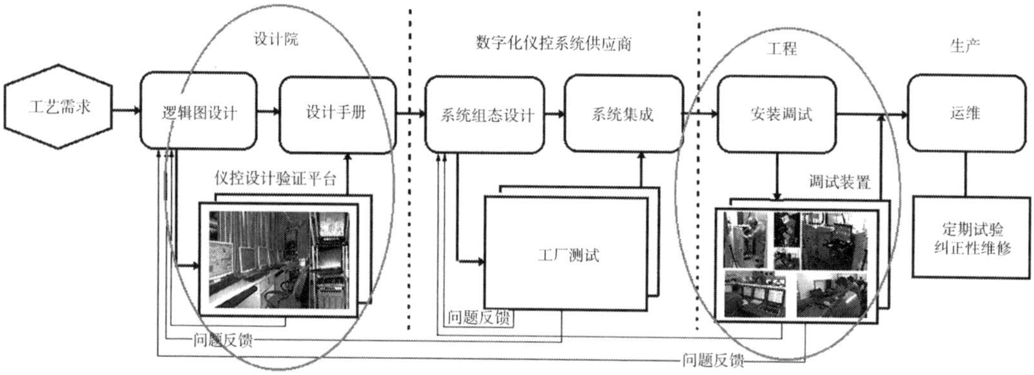

图 4-9 核电数字化仪控综合验证系统工作流程

依托核电数字化仪控综合验证系统，开展核电厂数字化仪控系统的综合验证，其主要测试阶段可分为：

(1)原型测试阶段。这个阶段的测试用于证明和估量设计理念的关键特性，测试结果用于指导进一步的产品设计开发和确定最终要求。

(2)设计测试阶段。这个阶段的测试用于证明部件、组件或系统的既定设计要求能够得到满足，在这个意义上测试目标接口可以被仿真。这些测试可在设备上进行，而不是在目标系统上进行。如控制逻辑可以在仿真设计验证平台环境中进行。

(3)制造测试阶段。这个阶段的测试用于证明产品能根据组装图和其他的设计文件正确组装。

(4)集成式测试阶段。这个阶段的测试应在系统验证和确认前进行，以检查计算机系统软硬件的兼容性和一致性。

(5)接口测试阶段。这个阶段的测试主要是在目标设备所在的主要子系统(安全系统、控制系统、运行控制和检测系统等)上进行。该测试同时包含系统之间的接口测试。

(6)安装测试阶段。这个阶段的测试用于证明设备在从工厂运输到现场过程中未被损坏以及系统间的电缆接线(包括供电、传感器信号和网络)正确。

(7)运行测试阶段。这个阶段的测试用于证明仪控系统满足设计要求，在各种工况下能够使核电厂安全可靠运行，包括电厂运行前流体系统功能测试以及电厂运行时瞬态性能证明。有效的测试是“自下而上”、有条理地进行的。首先测试独立组件，然后测试构成子系统或者机柜的相互联系组件，最后测试整体直至整个电厂仪控系统测试完成。不同的集成等级使用不同的术语标记(如部件、设备、单元、模块、组件)。各项测试随着集成度的增加依次进行。图 4-10 展示的是详细测试流程信息。

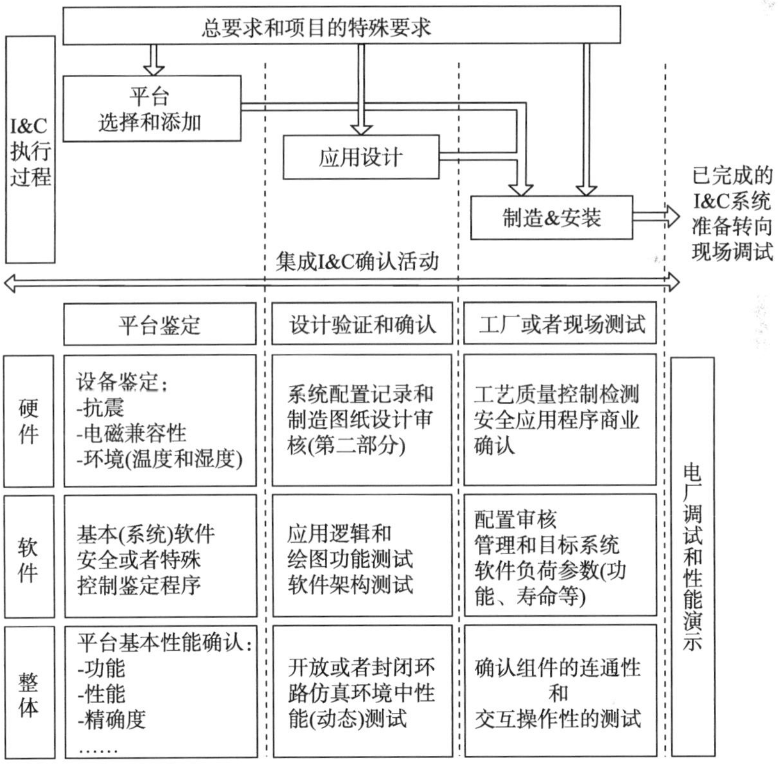

图 4-10 测试流程图

测试任务要求包括：测试前要制定相应的测试方案和测试规程，测试过程中应仔细记录方案实施情况以及测试数据，受测设备(或者系统配置数据)和测试过程中遇到的问题；测试结束后要对测试过程和测试数据进行分析，形成测试报告。这些测试任务最终组成相应的测试文件体系，如图 4-11 所示。

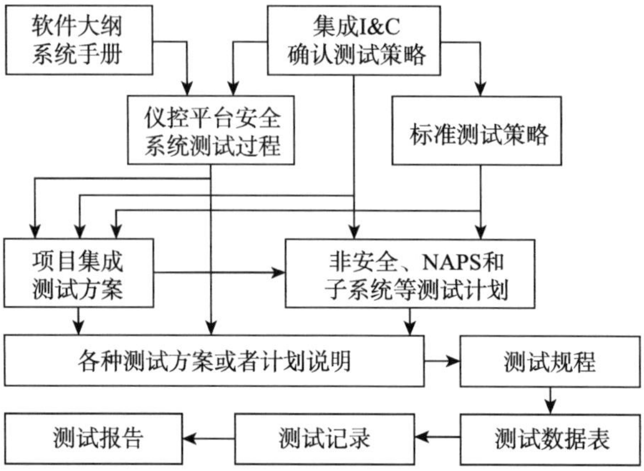

图 4-11 测试文件体系

基本测试文件包括：通用性顶层集成 I&C 确认和测试策略；通用性具体平台测试策略和测试程序；项目集成测试方案；系统/子系统测试计划；系统/子系统测试说明；通用性测试规程；系统/子系统测试规程；系统/子系统测试数据表；系统/子系统测试记录；系统/子系统测试报告。

4.3　核电数字化仪控系统测试技术

4.3.1　核电数字化仪控系统设计验证

核电数字化仪控系统设计验证是指在仿真环境下，把工艺、控制和画面等设计方案实现动态模拟运行，并通过综合验证系统数据库接口与电厂生产过程模型进行双向数据交换，以校验核电数字化仪控系统设计方案的正确与否。

(1)核电数字化仪控系统设计验证标准

关于核电数字化仪控系统的设计与验证，国际原子能(IAEA)以及国际电工委员会(IEC)等机构、以及几大掌握先进技术的发达国家(如美国、法国)均形成了较为完整的顶层和分级要求，制定了相关的国家、行业、国际导则和标准，包括 IAEA NS 系列导则、IEC 61513 系列标准、IEEE 603 系列标准等。目前我国的相关标准制定基本参照以上机构和国家的标准。

(2)核电数字化仪控系统控制功能设计验证关键技术

控制功能设计验证对象主要包括控制测量要求、控制逻辑图、输入输出清单等设计文件，验证内容主要包括控制规范性、一致性、功能性验证。从不同的方面对控制逻辑图设计进行验证测试，以确保控制逻辑图设计的规范、正确和有效。1)规范性验证：是对控制逻辑图进行自动测试或手动检查，检查其是否符合设计规范，主要是测试以下几个方面。

①控制逻辑图图形符号及其命名的规范性；

②设定值的完整性。

2)一致性验证：是对控制逻辑图与其外围接口的一致性进行自动测试或手动检查，主要是测试以下几个方面。

①控制逻辑图与控制测量要求的一致性；

②控制逻辑图与输入输出清单及画面的一致性；

③控制逻辑图与辅助控制盘设计的一致性。

3)功能性验证：是对控制过程及其控制效果进行动态模拟，以测试其控制需求设计的正确性、完整性和可靠性。按照验证功能范围从下至上可分为设备级、系统子功能级、系统级、多系统集成等四个层次。详细仪控系统控制功能设计验证流程如图 4-12 所示。

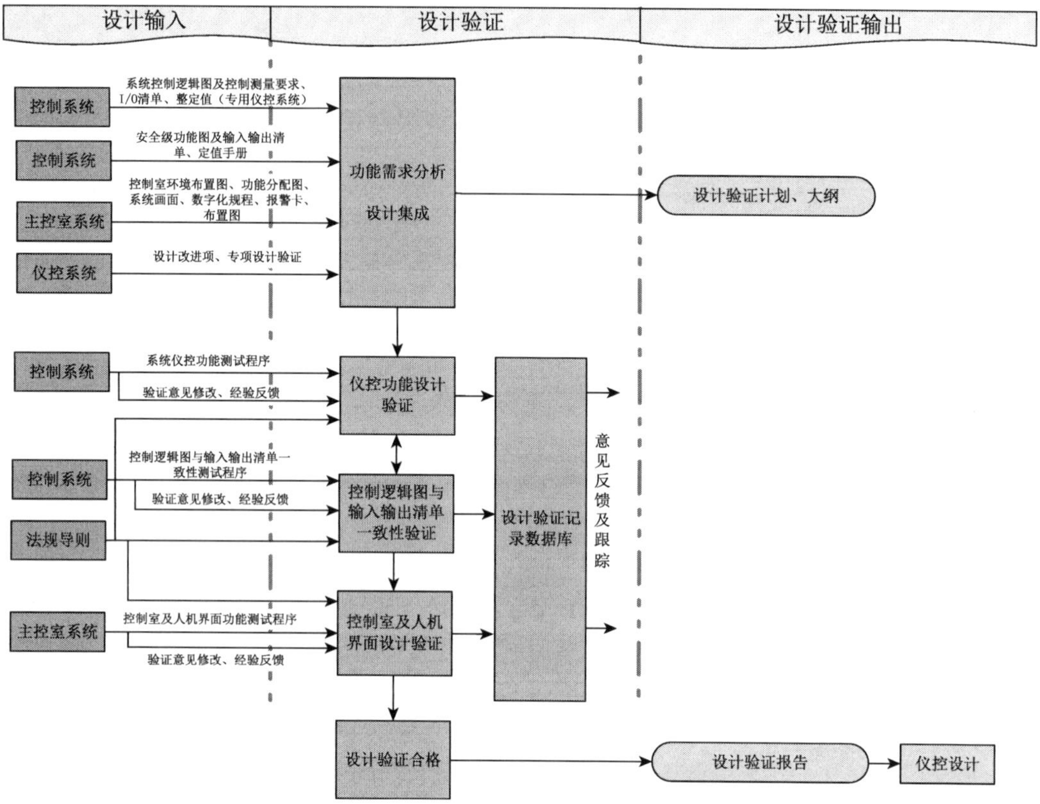

图 4-12　仪控系统控制功能设计验证流程

(3)核电数字化仪控先进主控室设计验证关键技术

先进主控室系统是核电的大脑，操纵员在主控室对电厂的各种参数进行监视并且根据电厂运行需要发出各种控制指令。先进主控室设计将考虑人机界面及人因工程、控制盘台等综合因素，其是否正确设计关系到核电的安全、高效运行。

1)先进控制室人因设计验证

主控室人因验证的目的主要是保证主控室的设计满足法规对核电主控室人因要求，降低主控室人因风险，从而保证核电的运行安全。验证方法通常有设计文件审查、操纵员访谈观察、静态验证、动态实验测试验证，验证的流程可分为：初步验证、中间验证与确认、最终验证与确认、电厂最终确认。人因工程设计是将有关人的能力和局限的知识应用到总体、系统和设备设计，保证电厂、系统或设备的设计、人员任务和工作环境满足并支持操作/维修人员的感觉、知觉、认知和身体特征，从而使控制室设计达到人—机—环境的最佳匹配。

为了保证核电厂安全、经济运行，需要自主设计功能完备、可靠性高的先进主控室系统，最基本的要求是针对主控室布置、声环境、光环境、温湿度、色彩内饰等环境因素按照人因工程标准和法规标准进行工程设计及设计验证。

基于对人因工程验证与确认相关标准分析，结合工程实践验证工作经验，形成了人因工程验证的评价要素及准则，主要包括以下 9 个方面内容：

①验证人员队伍；

②测试对象；

③测试平台；

④执行测试操作的人员；

⑤测试序列；

⑥行为绩效测量；

⑦测试过程设计；

⑧数据分析与处理；

⑨验证与确认结论。

2) 人因工程在核电控制盘台设计中的应用

依据 GB/T 13630—1992《核电厂控制室的设计》、NB/T 20016—2010《人因工程在核电厂基于计算机的监测和控制显示设计中的应用》、NB/T 20059—2012《核电厂控制室操纵员控制器》等标准为基础，结合在核电项目中的设计实践，形成一套核电控制盘台设计和评价准则，以保证核电控制盘台的设计质量和人因符合性。

核电控制盘台设计评价与优化应满足如下要求：评价标准依据相关标准；评价指标、评价方法与评价结果可以追溯；评价结果应对设计改进具有明确的指导意义；应具有人机界面设计与评价的实时交互功能。

4.3.2　核电安全级仪控系统制造过程质量控制

依托自主核电安全级数字化仪控系统的平台研发、采购制造、集成供货的设备出厂前全过程，形成覆盖工厂制造全过程，有效保证设备出厂质量的、标准化的核电安全级仪控系统制造过程质量控制流程。

(1) 核电安全级仪控系统设计制造全过程质控阶段划分

针对核电安全级仪控系统平台特点及核安全功能要求，将核电安全级仪控系统工厂内设计制造全过程共设置三大阶段 8 个质量控制活动，分别是：

①针对平台研发的质量控制，包括产品级测试(单元测试、确认测试)、系统集成测试、系统测试；

②针对采购制造的质量控制，包括商品级物项确认、生产检验；

③针对集成供货的质量控制，包括应用软件确认测试、工厂测试、出厂测试。

1) 平台研发阶段的质量控制

如图 4-13 所示，根据平台产品的集成过程，设计形成标准的测试验证流程。

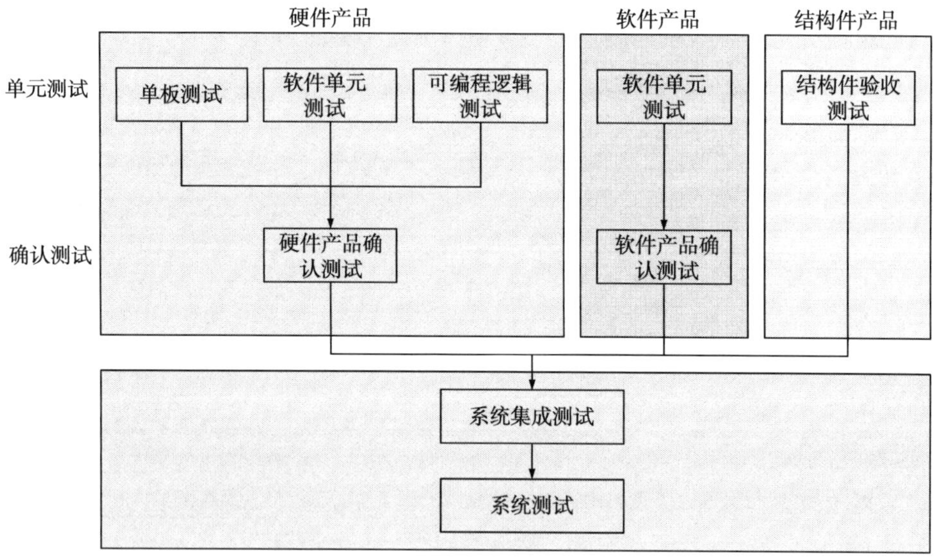

图 4-13　产品研发阶段质量控制流程

①产品级测试，包括单元测试及产品确认测试。

(i)单元测试，采用白盒的测试方法，测试验证产品实现对产品设计以及设计规范规则的符合性。

(ii)确认测试，主要采用黑盒的测试方法，对真实软硬件产品进行确认，测试软硬件单个产品对产品需求的符合性。

②系统集成测试，在产品级测试的基础上，对各产品间及站间的接口进行测试，发现彼此交互存在的缺陷，确认各产品能够正确的集成为符合系统设计的完整系统(表 4-2)。

表 4-2　系统集成测试内容

<table>
<tr><th>序号</th><th>集成阶段</th><th>接口</th><th>测试活动</th><th colspan="2">测试内容</th></tr>
<tr><td rowspan="3">1</td><td rowspan="3">产品间集成</td><td rowspan="3">产品间接口</td><td rowspan="3">两个功能模块间接口测试</td><td>物理特性测试</td><td>①电气特性
②机械特性
③功能特性
④过程特性</td></tr>
<tr><td>接口功能测试</td><td>①功能链路数据通信的正确性
②功能链路的异常状态处理</td></tr>
<tr><td>接口性能测试</td><td>接口时间特性(数据传输与处理时间)</td></tr>
</table>

续表

序号	集成阶段	接口	测试活动	测试内容	
1	产品间集成	产品间接口	多个功能模块接口测试（功能链路测试）	物理特性测试	—
				接口功能测试	①功能链路数据通信的正确性 ②功能链路的异常状态处理
				接口性能测试	功能链路的时间特性（数据传输与处理时间）
2	站间集成	站间接口	两个站间的接口测试	物理特性测试	①电气特性 ②机械特性 ③功能特性 ④过程特性
				接口功能测试	①站间功能链路的数据通信正确性 ②站间功能链路的异常状态处理
				接口性能测试	站间功能链路的时间特性（数据传输与处理时间）

③系统测试，使用正式发布的数字化控制保护系统产品，根据平台系统设计搭建典型测试系统，对平台系统特性进行测试和评定，以确认系统特性是否满足平台系统需求。系统测试中参考 IEC 9126 中质量模型及评定方法，结合核电安全级仪控系统平台实际特性要求，从功能性、效率性、可靠性、易用性、可维护性、可移植性 6 个质量特性方面开展测试。

2）生产制造阶段的质量控制

按照实际采购制造活动，采购制造阶段的质量控制包括针对商品级物项确认及针对自制产品的生产检验活动。

①商品级物项性确认，核电仪控系统集成制造使用大量商品级物项，种类繁杂。针对这些物项需开展验收确认，确保非核质保体系下生产的外购部件，满足核电安全级应用要求。根据相关原始设计文件或执行故障模式和效应分析，进行关键特性分析，形成关键特性识别文件和商品级物项清单，以四种验收方法为基础，结合商品级物项本身特性，在与供应商可提供技术支持、可实施测试深度基础上，确认每种关键特性的验收方法（可多种方法相结合），并给出接受准则，最终形成验收大纲及检验程序，完成对商品级物项的确认。

②生产检验，建立自制产品生产制造过程中的生产检验，设立三个检验环节。

（i）QC1：回流焊接完成后，使用自动光学检测及 X 光检测的手段进行表面贴装器件和焊点检验；

（ii）QC2：对于压接、手工焊/波峰焊、清洗后产品进行外观检验；

（iii）QC3：通过自动测试装置进行上电检验，检查产品的电气相关功能以及软件烧录的正确性。

3）集成供货阶段的质量控制

针对工程设计组态、系统集成的实际供货系统开展测试验证，包括应用软件确认测试、工厂测试、工厂验收测试。

①应用软件确认测试，是指在虚拟的环境下，采用动态、闭环的测试手段，开展工程组态（应用软件）与系统设计的一致性确认。

②工厂测试，包括以单组机柜为对象的单体测试，以多组机柜或多个系统的组合为对象的集成测试和系统测试三个阶段，测试验证实际供货系统功能性能与合同技术规格要求的一致性。

③工厂验收测试，由核电用户主导，采用工厂测试抽测的方法或按照核电实际规程开展测试的手段，验证实际供货系统的质量。

（2）安全级仪控系统测试装置

核电安全级仪控系统规模大，实现复杂，相应的工厂内全过程质量控制活动环节多、工作量大、操作步骤复杂。同时基于核电安全级可追溯性要求，所有的测试数据均需要形成记录文件，文档工作量大。为了核电安全级仪控系统制造过程质量控制活动的可实现性，提升标准化程度及效率，减少人因失误，设计开发自动化的测试装置。该装置能够实现各类型物理信号输入输出接口、维护网络通信接口、安全级仪控系统控制保护功能的动态逻辑测试、人机界面的自动测试、系统状态自动采集监控、自制产品板卡的功能测试、辅助完成测试设计及分析、自动形成测试记录等功能。图 4-14 展示的是自动测试装置的架构示意图。

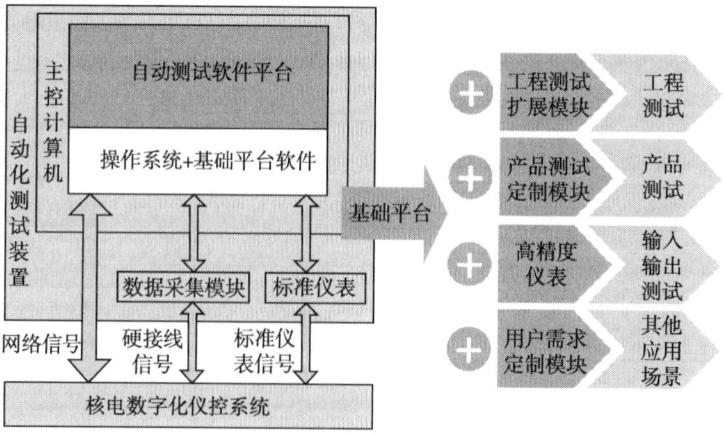

图 4-14　自动测试装置架构示意图

4.3.3 核电数字化仪控系统调试验证

核电工程建设过程中，调试环节质量是核电安全稳定运行的基础。结合国内核电工程调试经验，建立核电数字化仪控系统调试验证完整性技术体系和调试质量保证体系，进一步提升核电数字化仪控系统调试质量和规范性。在调试验证完整性方面规范调试验证范围的基本要求、调试内容、调试方法、验收标准、调试阶段划分等内容。在调试质量体系方面主要包括组织模式、质量计划、配置管理、变更管理、信息安全管理等内容。

(1) 核电数字化仪控系统调试验证技术

核电数字化仪控系统调试验证技术主要任务包含两个方向，即核电数字化仪控系统调试验证完整性和核电数字化仪控系统调试验证质量控制，具体说明如表 4-3 所示。

表 4-3　调试验证任务分解表

序号	任务	任务子方向	任务子项
1	核电数字化仪控系统调试验证技术	调试验证完整性	核电数字化仪控系统调试试验范围
2			核电数字化仪控系统调试试验内容
3			核电数字化仪控系统调试试验阶段划分
4			核电数字化仪控系统调试试验方法
5			核电数字化仪控系统调试试验验收标准
6		调试验证质量控制	核电数字化仪控系统调试组织模式
7			核电数字化仪控系统调试质量计划
8			核电数字化仪控系统配置管理
9			核电数字化仪控系统变更管理
10			核电数字化仪控系统信息安全管理

(2) 反应堆保护系统调试验证装置

核电反应堆保护系统作为电厂事故状态、异常工况下反应堆停堆、启动专用安全设施等保护功能实现的重要载体。作为核电数字化仪控的核心功能，工程调试阶段试验验证其完整性、准确性尤为重要。标准化的反应堆保护系统调试验证装置，为调试验证设计逻辑功能、保护通道响应时间安全准则验证等提供试验平台。

1) 反应堆保护系统逻辑验证试验环境搭建

该调试验证装置为反应堆保护系统(相关机柜)提供仿真输入信号，试验期间用于代替现场真实输入信号，通过硬接线接口注入反应堆保护系统相关实体机柜中。利用监控计算机手动控制仿真信号发生装置，为反应堆保护系统一键建立非跳机跳堆初始测试环境。通过装置的人机接口画面，可以自定义修改每个仿真信号的输出值，从而模拟机组事故工况，触发、复位相应反应堆保护通道逻辑，调试试验人员通过在核电厂数字化仪控系统中观察相应报警灯是否正确触发、测量相应保护是否正确输出，从而达到验证反应堆保护逻辑功能的目的。

2）反应堆保护系统响应时间验证集成

配置反应堆保护通道响应时间集成化测试功能，通过采集仿真信号阶跃变化时间与保护信号触发输出的时间，可实现自动测量反应堆保护系统响应时间并完成与安全准则的比对验证。

如图4-15所示，反应堆保护系统调试验证装置主要由仿真信号发生机柜（装置机柜1、装置机柜2、装置机柜3、装置机柜4）、信号采集验证机柜（装置机柜A、装置机柜B、装置机柜C，包含通信单元、控制器、IO卡、通道选择器、高速采集功能等）、监控计算机（笔记本）及必要的网关配置等组成。

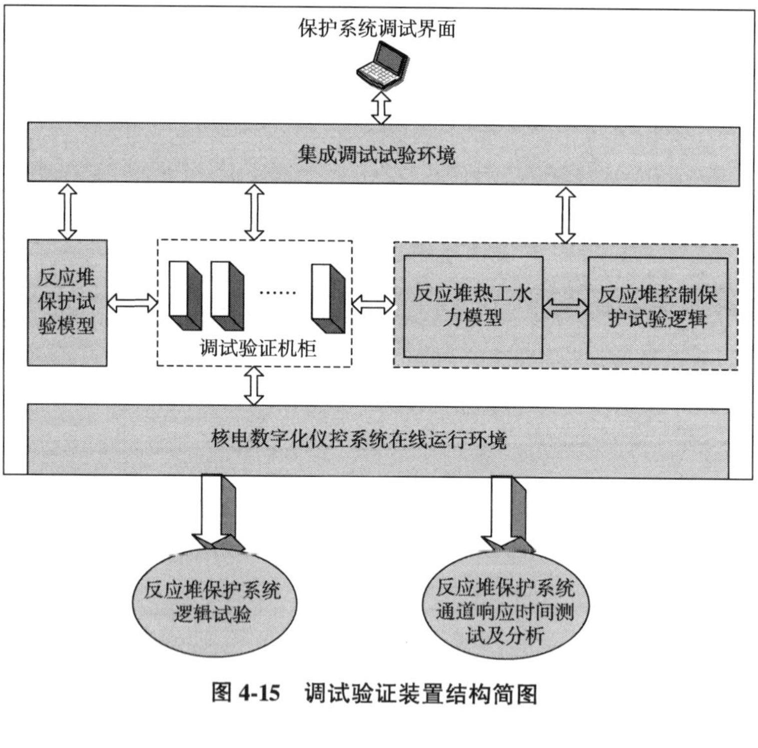

图4-15　调试验证装置结构简图

4.4　系统成果与应用示范

4.4.1　系统成果

依托中广核工程有限公司核电安全监控技术与装备企业国家重点实验室，并经过多年的刻苦攻关和团队协作，针对核电“中枢神经”——数字化仪控系统，建立了由核电数字化仪控设计验证平台、核电仪控制造质量控制虚拟高保真测试平台及核电反应堆控制系统调试验证平台于一体的集设计、制造和调试验证等功能的综合验证系统，并基于该平台开展核电数字化仪控系统综合验证技术研究，引领我国核电技术发展，推动产业标准化进步，为我国核电产业占领国际市场提供支撑。

(1) 核电数字化仪控系统设计验证平台

1) 搭建核电主要系统的堆芯模型，核岛/常规岛热工水力模型；

2) 实现核电数字化仪控系统设计与验证过程一体化；

3) 实现核电正常运行及事故瞬态运行典型工况运行测试验证。

详细核电数字化仪控设计验证平台的流程如图 4-16 所示。

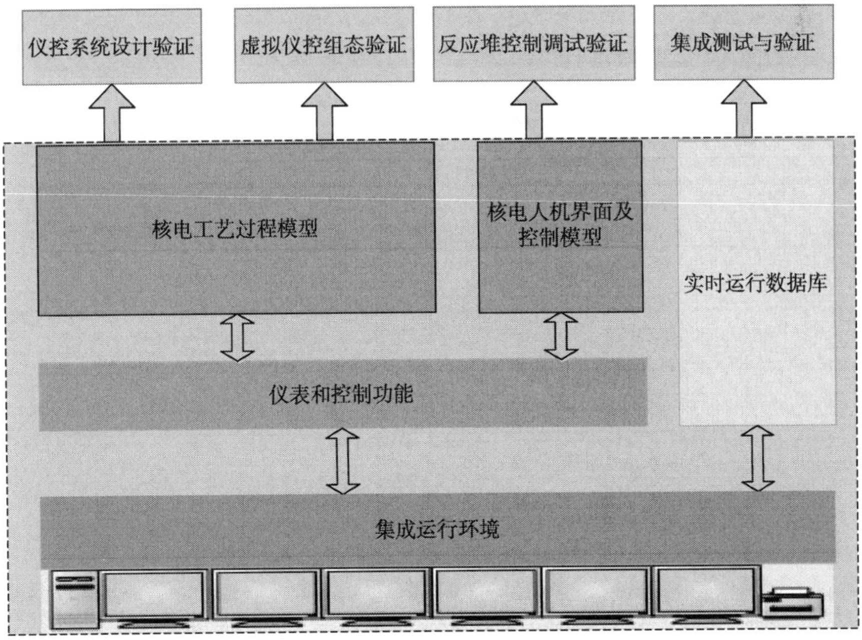

图 4-16　核电数字化仪控设计验证平台

(2)制造过程质量控制虚拟高保真测试平台

1)虚拟仪控系统与高保真模型连接，实现核电仪控系统功能和主控室人机界面监测和控制等真实仪控系统功能；

2)完成示范在建核电出厂测试阶段实际仪控系统组态测试和纠错，实现机组启动前的组态逻辑预演和控制系统各类基准设计瞬态运行分析；

3)完成与设计验证平台集成，实现仪控系统组态闭环集成测试功能。

图 4-17～图 4-18 展示的是核电仪控制造质量控制虚拟高保真测试平台的工作原理及其标准流程。

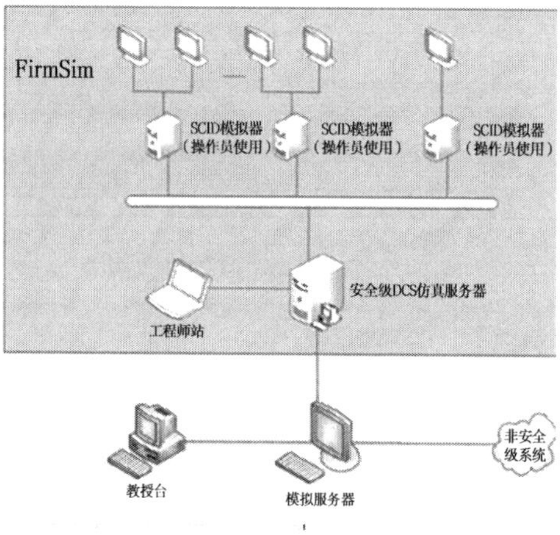

图 4-17　核电仪控制造质量控制虚拟高保真测试平台

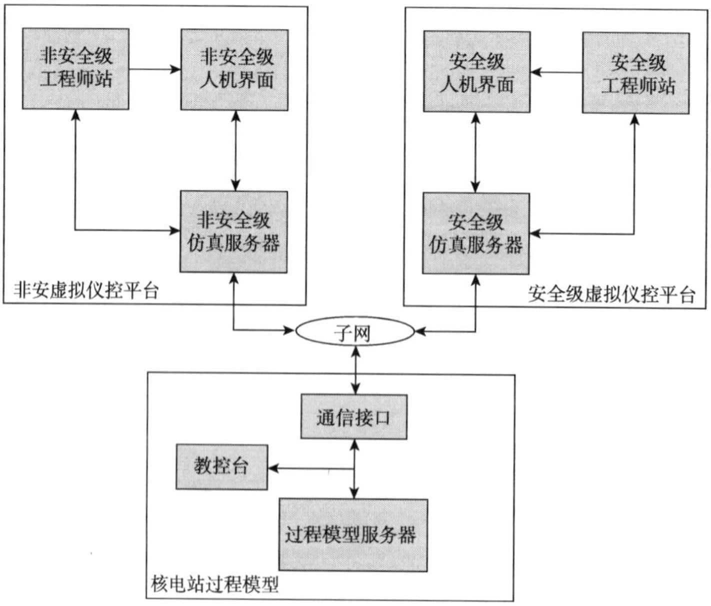

图 4-18　虚拟控制高保真测试标准流程

(3) 反应堆控制系统调试验证平台

1) 搭建核电反应堆控制系统调试验证平台，研发一种基于核动力仿真技术和通用工控软硬件平台的核电数字化仪控系统调试方法及装置，填补了国内核电调试启动应用领域的空白；

2) 掌握机组启动前仪控系统逻辑组态验证和复杂控制系统联调关键技术；

3) 建立核电数字化仪控系统功能测试通用导则及机组启动前关键控制保护系统功能试验技术标准，使电站调试启动大纲规定的各类相应逻辑功能试验及重大瞬态运行试验风险可控。

图 4-19 展示的是核电反应堆控制系统调试验证标准流程。

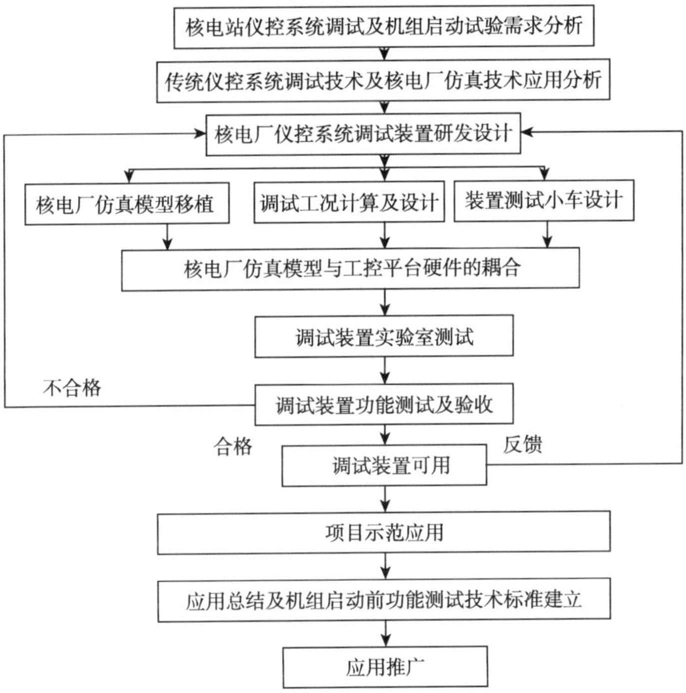

图 4-19　核电反应堆控制系统调试验证标准流程

4.4.2　系统应用示范

核电数字化仪控综合验证应用示范是基于核电数字化仪控综合验证系统和关键验证技术研究，同时结合实际工程需求，开展核电数字化仪控系统设计、制造及调试的验证工作，为数字化仪控未来业务化运行和产业化发展积累经验，有效推动我国核电事业的发展。以下针对某电厂实际工作中的典型案例简述平台验证应用。

(1) 核电数字化仪控系统设计验证平台应用示范

1) 核电厂典型仪控功能验证

以某项目 BD/SD 设计验证工作为例，在验证平台上将安全级 DCS 控制系统的功能需求分为20类76小项进行验证，首先根据系统SDM文件(AD/LD图、定值手册、I/O列表、RPS功能说明书)，BD/SD设计图编制真值表，然后根据真值表在验证平台上进行动态验证。

该项目安全级仪控功能图BD/SD设计验证工作为仿真动态验证，在闭环验证中不仅可以进行单项验证，也可以验证单项逻辑动作对整个机组的影响。在验证时，一方面检测BD/SD的逻辑模型动作，另一方面也检测MMI画面的KS信号、KA报警、相关设备以及故障首出的动作情况，实际上是整体验证。这些验证不仅保证了安全级DCS功能图的设计质量，而且更好地了解了安全级DCS功能图的设计理念和设计思路，对以后的国产化设计大有帮助。

2)核电厂典型系统仪控人机界面验证

核电厂仪控人机界面主要包括画面，规程，报警三部分。系统显示画面主要是根据运行任务分析与分配的要求，组织系统运行需要监控的参数和控制方式。画面布置基于系统工艺流程，以系统功能和主设备监控为基础，构成运行人员监视和操作的主要画面。总体规程中G规程主要针对一回路系统，对反应堆在热停堆、冷停堆、维修停堆、热备用、功率运行等状态下进行切换时候的操作进行指引。报警的目的是给操纵员对发生的未曾预期的事件予以提醒，每一个KIC报警都有一张相应的报警卡与之对应，操纵员可以通过KIC平台查询到，涉及组报警有相应的组合报警卡提供给操纵员，编码唯一，相互独立。本类型验证主要对这三部分内容分别选取了典型系统进行验证。表4-4为某项目画面的验证情况的部分摘录。

表4-4　画面验证结果样例摘录

系统画面名称	问题	备注
XLGB001YCD	201/202KG中0.1.2三个选择位置是否应为两个位置(0.1)	
LGB、LHA、LHP001YCD	部分KC和KG功能不明确	
LHP/LHQ001YCD	画面上，柴油机启动后，只有KS灯作为显示，操作员使用后普遍反应不直观，需要反复确认才行，人因上考虑，若能直接在柴油机G图符上有颜色变化会更优化画面设计	
REA001YCD	015VD/065VB的“Auto/Manu”应与其他统一和一致，即绿色表示“1”为Auto在右侧，即应写为“Manu/Auto”，其他所有画面均应统一，其他画面也存在不统一的问题	
	006KG为三个位置，其绿色表示什么含义？处于哪个位置	

续表

系统画面名称	问题	备注
RCV001YCD	409KC 只有 RCP 和 RCV 模式两个位置，为何 409KC 控制器上有“0”“1”“2”三个位置	
	088/089VP 应为电动阀	
RCV01/02/03YFU	110A/210A/310AMT 无 110B/210B/310B	

通过对人机界面在验证平台上进行验证，及时发现和纠正了人机界面在设计阶段存在的缺陷，并及时反馈给设计者进行改进，有效提高了人机界面设计文件的质量，避免缺陷向下游传递带来的不利影响，对项目建设的进度、成本的有效控制起到了积极的作用。

3）核电厂典型系统运行程序验证

核电厂典型系统运行程序验证检查了如下项目。表 4-5 展示的是典型运行程序的验证结果摘录。

①各系统的过程模型、仪控逻辑模型、画面模型的模拟范围验证；

②初始工况验证，包括 BOL，MOL，EOL 部分；

③瞬态工况验证：降负荷、停机、热备用、热停堆等；

④系统主要参数验证：一回路、二回路、发电机等；

⑤异常工况验证：厂用电运行及跳机不跳堆运行；

⑥主要故障验证：系统失电、主蒸汽管道泄漏、SGTR、失去一回路冷却水、主蒸汽隔离阀关闭、失去所有给水、LOCA 等。

表 4-5　典型运行程序验证结果摘录

编号	测试项目	测试步骤	测试结果
1	手动跳堆	· 复位 100%功率工况 · 使用教控台进行参数曲线输入 · 使用 ECP 盘上用 RPA300TO 跳堆 · 运行 20 min	☒通过 ☐有差异：
2	所有主给水泵跳闸	· 复位 100%功率工况 · 使用教控台进行参数曲线输入 · 输入故障 APA01A/B/C · 运行 20 min	☒通过 ☐有差异：

续表

编号	测试项目	测试步骤	测试结果
3	所有主蒸汽隔离阀关闭	· 复位 100%功率工况 · 使用教控台进行参数曲线输入 · 关闭 VVP001/002/003VV · 运行 20 min	☒通过 ☐有差异:
4	所有冷却剂主泵跳闸	· 复位 100%功率工况 · 使用教控台进行参数曲线输入 · 输入故障 RCP39A/B/C · 运行 20 min	☒通过 ☐有差异:
5	一台冷却剂主泵跳闸	· 复位 100%功率工况 · 使用教控台进行参数曲线输入 · 输入故障 RCP39A · 运行 20 min	☒通过 ☐有差异:
6	汽轮机在满功率跳机	· 复位 100%功率工况 · 使用教控台进行参数曲线输入 · 使用 ECP 盘上 GSE004TO 跳机 · 运行 20 min	☒通过 ☐有差异:

4)核电厂典型运行工况验证

验证平台根据机组六种正常运行模式与异常情况设置了总共 19 种典型工况运行。验证平台仿真系统模拟了反应堆运行模式、蒸汽发生器冷却正常停堆模式、RRA 冷却正常停堆模式对应的 10 种正常工况，以及 House load operation、Turbin trip、Reactor trip、Safety injection 四种异常工况。

5)核电厂热工水利瞬态分析

利用验证平台模拟核电厂热工水力瞬态，检查核电厂热工水力节点图和与其他模型的 I/O 接口，测试各系统过程模型、仪控模型、人机交互界面模型的集成和运行情况，检查测试机组初始工况、机组瞬态工况、机组主要参数精度、异常工况、事故状态等是否满足规定及合同要求。

(2)反应堆控制系统调试验证平台应用示范

反应堆控制系统调试验证平台为现场 DCS 系统调试发挥了重要作用，装置现场应用实景及人机界面实物如图 4-20~图 4-21 所示。

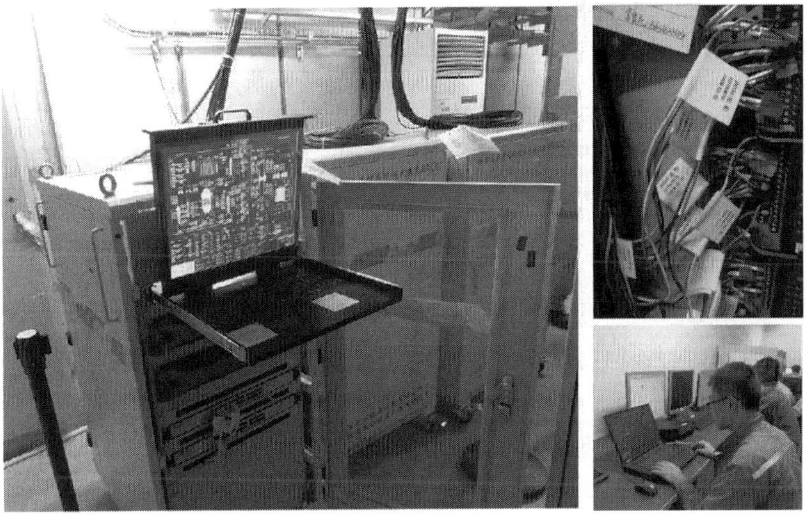

图 4-20　调试装置在某项目应用实景图

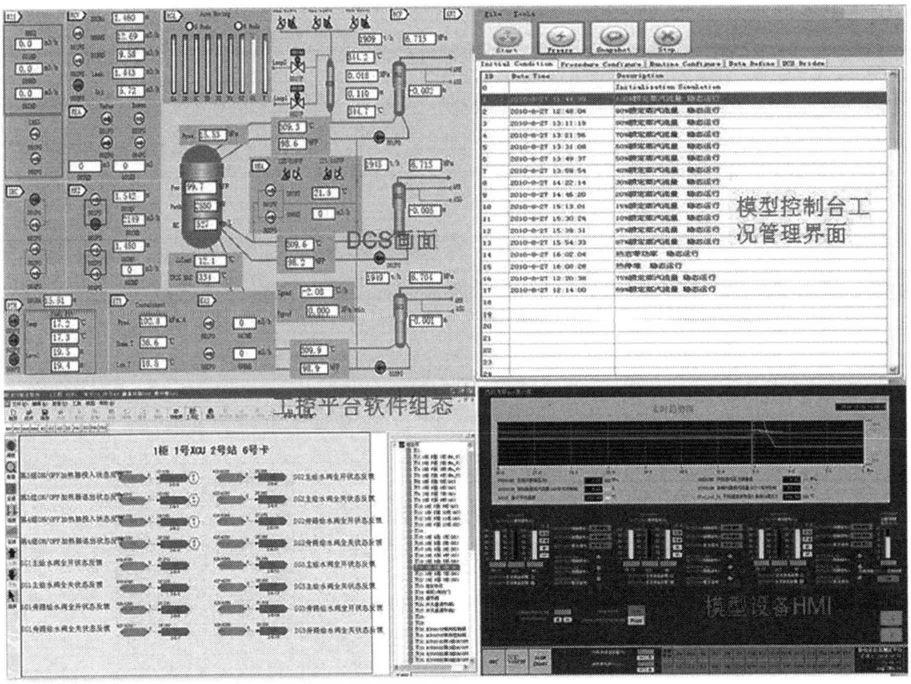

图 4-21　调试装置测试人机界面实物图

应用测试过程中某项目 1 号机为例，作简要介绍。

1）RRC 子系统：该子系统在 1 号机用于执行 TP－RRC－11/12/14/22、TP－KCP－20～70、TP－KCS－20～49 等程序，经过近 3 个月时间的测试，共发现了如 PID 控制器手/自动切换输出跳变、模块输出变化率限制参数 OU 设置不当、稳压器压力控制/蒸汽发生器水位控制/主给水泵转速控制/汽轮机旁路控制参数或组态错误等十几项会导致非预期跳机跳堆、机组退状态等事件发生的缺陷，同时也提前演练了核岛、常规岛重要设备控制逻辑的功能(如带、卸载，电源切换、多系统关联运行)，有效的保证了机组在启动阶段的安全运行。

2)RPR 子系统：该子系统主要用于执行 TP-RPR-11/13/14/15/16/17 等试验程序，具有离线编辑、在线导入、任务批量化处理等功能，同时也作为 RPR 功能测试、T2 时间测量、RPR 系统保护投退的重要工具，极大简化了测试人员操作，更重要的是提高了试验效率，节省了大量的试验时间。

3)G3E 子系统：该系统主要用于执行 TP-GSE-03/04/11、TP-GRE-11/12/13、TP-GME-16 等试验程序，实施了 GRE/GSE/GME 系统功能测试、汽轮机辅助系统功能验证、汽轮机起停机和提升限制器 TAB、定期试验、阀门活动性和严密性试验及汽轮机一键启机等顺控和闭环功能测试，模拟进行冲转、同期并网，升负荷、RB 试验、跳机不跳堆、一次调频、甩空载、甩厂用电、跳堆等瞬态工况，共发现了常规岛 BAS 试验带载失败、一次调频、快甩负荷、与 RGL 量程不匹配、ATT 逻辑失效和 GME 探头选型错误等 10 余条重大逻辑缺陷，大大降低了 DEM33 和 DEM34 等机组启动联调试验活动失败、机组意外停机和 G 模式下堆—机协调控制接口不匹配的风险，避免了不必要的机组非预期停机及退状态事件发生，提高了调试安全质量水平。

4)KSN 子系统：该系统主要用于执行 TP-KSN-12/13/15 试验程序，重点针对重要的开环逻辑功能、闭环控制和顺控逻辑展开功能测试，发现了画面、逻辑、报警等方面的数十项缺陷问题，并给出了建议方案，为后续三废系统的调试提前扫清组态方面的障碍。

5)RGL/OPD/KSC 子系统：该系统主要用于执行棒控系统功能测试、冷态功能试验期间的超压保护、后备盘功能测试等相关试验程序时使用，这部分试验涉及大量信号强制操作和临时逻辑组态搭建等内容，系统的使用大大简化这部分工作，提高了试验效率。

调试装置在该项目 1、2、3 号机上进行应用，优化现场试验过程，显著提高试验效率，将因装置测试所覆盖范围 DCS 组态原因导致的跳机跳堆和机组退状态事件数量降至 0 起，有效保障调试安全质量。结合装置的应用，还编制了适用于 CPR1000 机组的 DCS 功能测试的 5 项企业标准，并将在剩余 CPR 机组上进行示范应用。

(3)制造过程质量控制虚拟高保真测试平台应用示范

如图 4-22 所示，FirmSys 系统作为中广核集团推出的首套安全级 DCS 系统，其功能的完整性、设备稳定性、工程可维护性，需要通过测试平台验证和检验。

图 4-22　FirmSys 安全级系统验证平台

通过验证，为设计及调试人员对各类隐藏逻辑组态设计及软硬件工程适用性问题进行测试分析并反馈，提前发现和解决“和睦系统”在核电工程中的适用性问题和平台隐患。

4.5 小结

核电数字化仪控综合验证系统具有专业覆盖面广、验证流程复杂、可靠性及精度要求高等特点。在解决众多关键技术的基础上，本章针对安全级数字化仪控系统，以平台技术为核心，建立了集核电数字化仪控设计验证平台、核电仪控系统制造质量控制虚拟高保真测试平台、核电数字化仪控系统现场调试验证平台于一体的核电安全级数字化仪控综合验证系统，该系统集成融合核电数字化仪控系统设计、制造和调试等阶段验证与测试技术，对我国自主三代核电机组质量提升和技术规范化具有重要的现实意义，为核电数字化仪控系统质量控制基础技术研究奠定坚实基础，有效保障了核电的安全、经济运行。

参考文献

[1] 李传荣. 无人机遥感载荷综合验证系统技术 . 科学出版社，2014.
[2] 刘朋波，周韦，张淑慧. 核电厂数字化仪控系统测试综述 . 自动化仪表，2012 (33).

第5章 先进技术发展

5.1　核电大数据同化技术

5.1.1　大数据同化技术背景

近年来，在物联网、传感器以及通信技术的支撑下，数据的量以结构化、非结构化以及半结构化的形式急速增加，由于传统的数据处理技术已经不能对这些海量数据进行有效的和充分的处理，因而促进了大数据分析和存储技术的发展。目前大数据技术已经应用在不同领域：在商业领域，大数据技术已经用于分析用户的偏好和相互影响，帮助制定更好的推销策略，减少成本；在社会生活领域，大数据技术用于对搜索引擎、社交网站和平台等数据进行处理，分析公众的行为、影响和需求；在医疗领域，大数据技术用于构建分析病情、诊断疾病以及制定医疗方案；在公共安全领域，大数据技术用于识别罪犯、防范恶意攻击；在金融领域，大数据用于投资分析和客户分析；在汽车行业，大数据技术用于制定销售策略和快速实验；在制造业，大数据用于风险分析、识别新的投资领域并进行规划。

大数据也是能源行业规划的重点。目前能源市场结合了不同种类的能源，除了传统的化石燃料之外，还包括核能、生物能、太阳能、水能、地热和风能等可再生能源。大数据支持决策者对能源资源进行选择。Chalvatzis 等利用大数据技术帮助英国决策者在考虑技术和环境条件的情况下制定未来的能源规划。

大数据可以帮助电网运营商在灾难性气候条件下进行合理的决策。目前已有基于 Hadoop 的减灾调度平台(DMDP)，可以用于灾难预防和即时响应。该平台的目的是风险识别、可视化(提示预警、应急位置、维修中心等)，以及在薄弱环节和灾害发生期间，对车辆、运输配送等进行应急决策。该平台对 HBase 中存储的天气、环境、历史、设备状态等数据进行挖掘，为弱电区域提供预防措施，发现重大问题并采取相应的整改措施，识别电网弱电区域，进行自我提升和效率计算。大数据为设备在不同环境条件下的在线故障检测监测提供了契机，通过处理来自不同传感器的大量数据，可以对设备的健康状态进行评估，以减少停电和断电的情况。

目前电网大数据研究和应用的发展方向包括：(1)实时并行处理：Hadoop 等大数据无法对流式数据进行操作，难以保证数据处理的实时性，而复杂系统对于故障等极端情况的瞬态控制需要实时响应。(2)数据收集：收集到的数据有时可能不准确、不完整、不可靠。例如，并非所有电网和设备都具备实时数据传输的技术或缺少传感器。(3)数据隐私：数据可能会被渗透，对于例如用户信息等数据必须提供保护。(4)数据安全：数据应该是安全的黑客活动，必须具有安全的数据传输和高度加密。(5)数据存储：数据量、表示形式和格式的扩展需要数据存储管理工具和技术的扩展。(6)数据可视化增强：可以很容易地可视化电力网的波形。(7)数据处理：将历史数据与实时采集到的瞬时数据进行合并，在极短的时间内进行处理。(8)数据集成：由于没有标准化的环境，将社交数据、传感器、报告等不同来源的数据集成在一起面临的挑战。(9)在线学习：实现比统计机器学习方法更精确的预测。

在常规电力行业中，大数据技术应用已经越来越受到关注。大数据对于配电、电力调度、发电和输电等环节正在发挥重要作用。电网收集的数据在规模和复杂度上都在大幅度增加。传统的数据处理方法不能处理电网数据在体积、增长速度和形式上发生的变化。利用大数据技术不仅可以处理海量数据，还可以提高数据处理的种类和速度。电网大数据的来源包括：供电设备相关的数据、分布式发电数据、蓄电池数据、负荷端数据、环境数据、传感器数据、公众数据等。电力行业已经开始利用大数据分析来增强业务决策、增加新客户、识别潜在的竞争对手等。大数据在绿色和可再生能源(风能、太阳能、海洋能等)等控制、负荷管理和运行等方面也有应用。利用收集到的大数据进行更好的决策，提高电网的优化运行。大数据可以改善城市规划和电网规划，将销售、运营数据、管理等结合起来，通过不断优化实现合理的规划。

随着核电厂自动化程度和信息集成度的日益提高，以及分布式控制系统(DCS)在核电厂的应用，在核电厂建设、调试和运行过程中积累了大量数据，尤其DCS中所存储的生产运行数据具有以下大数据特征：

(1)大容量(Volume)——核电厂实时数据监控系统在稳定运行阶段每天产生的数据量在GB级别；

(2)多样性(Variety)——核电厂各种系统和设备在整个生命周期中会产生大量异构数据；

(3)产生传输速度快(Velocity)——核电厂的DCS的实时数据传输速率在ms级别；

(4)价值密度低(Value)——数小时的连续监控数据有价值的数据可能仅仅只有一两秒钟等。如何充分挖掘、准确分析、合理利用核电厂大数据以实现对电厂安全和经济运行水平的提升是一项值得研究的工程科学问题。

核电行业的大数据技术还处于起步阶段，主要原因包括：(1)核电运行具有较高风险，对现有核电厂仪控系统进行升级改造进行运行数据的采集需要严密的安全论证工作，确保不会对电厂运行、反应堆安全造以及信息安全成负面影响，因此核电厂一般采用成熟技术，新技术发展和应用相对保守；(2)核电技术的敏感性，核技术输于军民两用技术，核技术及相关数据通常被严格限制在规定的范围内使用；(3)核电制造成本高昂，核电数据作为企业重要资产被严格保护。

由于缺乏应用于核电厂的实际案例研究和对大数据技术在核电厂的适用性研究，传统上核工业对大数据概念感觉模糊，对核电为什么需要大数据以及如何利用大数据这两个因素也没有一个清晰的认识。但目前越来越多的核电厂、供应商和研究机构已经认识到，大数据分析可以为核电站的经济和安全带来显著的改善。美国俄亥俄州立大学自 2017 年起连续三年举办关于大数据在核能的应用的研讨会，确定了大数据技术可为发电厂维护和组件库存优化提供的巨大潜力，以及大数据分析在核电系统中的作用和价值更加广泛。2018 年研讨会制定了大数据在核能应用的研究路线。

中广核已建成国内最大的核电厂历史数据存储和实时数据监控中心，该中心拥有中广核旗下所有在运核电机组的历时和实时运行数据，可支撑核电厂大数据相关技术研究与工程应用。核电厂大数据同化技术研究及应用主要有以下作用及意义：

(1)提高核电厂运行效率，实现电厂经济性提升。对不同负荷下的历时数据进行分析，挖掘电厂运行参数与性能指标之间的关系，并得到可调控参数的优化目标值以指导优化运行；

(2)提升核电厂维护效率，实现精准的预测性电厂维护。将传统的基于设备购买时长的单维度定期保养模式，升级为基于实时数据和预测模型的精准化预测性维护保养提醒服务，在故障发生前将问题及时准确预警；

(3)单一电厂或群厂数据及经验共享。实现电厂设备级、系统级和电厂级的数据及经验共享，实现单个电厂和群厂的高效运维管理综合服务。

5.1.2　数据同化技术原理

数据同化技术是综合利用不同信息的一种数学方法。目前较常用的数据同化算法有序顺序同化(Sequential)和变分同化(Variational)两种。顺序同化指动态模型仅着眼于求解单个观测数据前一时刻的最优分析值，不断地用新的测量数据更新模型；变分同化指动态模型在全时段同化，利用所有可用的测量值从全局调整模型解，所有的测量值影响状态调整的整个过程。核电大数据同化即针对核电厂过程仿真模型、故障诊断模型、风险预警模型和放射性释放模型等物理机理模型，以电厂大数据作为输入，利用数据同化算法使得这些机理模型尽可能逼近真实的核电厂物理过程，从而实现核电厂的精确控制与高效运维。核电厂数据同化算法原理如图 5-1 所示。

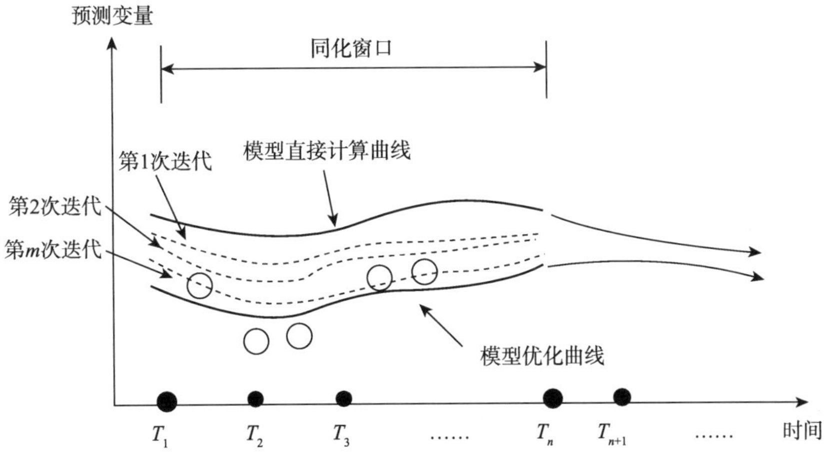

图 5-1　核电厂数据同化算法原理图

核电数据同化技术实现核电厂仿真模型截取真实核电厂任意 T_0 时刻实时数据截面后反算优化仿真模型参数，以达到核电厂仿真模型输出与真实核电厂状态在一定时段内($T_0 \sim T_1$)保持一致实现真实核电厂状态与数据在仿真模型中的同化，同化后的仿真模型可加速运行对核电厂的运行状态进行预测。

大数据同化是在考虑数据时空分布和对模型、观测做出误差估计的基础上，在数值模型的动态运行过程中融合新的观测数据的理论方法，其目的是生成具有时间、空间和物理一致性的数据集，观测数据的引入可以辅助改善数值模型的模拟精度，尤其是在提高模型对参数的空间不均一分布的模拟方面。数据同化理论包括 4 个基本要素：①模拟自然界真实过程的动力模型；②状态量的直接或间接观测数据；③通过数据同化算法不断将新观测的数据融入过程模型计算中，校正模型参数，提高模型模拟精度；④定量分析模型和预测值的不确定性。

大数据同化算法作为数据同化的重要组成部分，是连接观测数据与模型预测的关键核心部分。数据同化算法大致可分为顺序数据同化算法和变分数据同化算法两大类。变分数据同化算法定义一个同化的时间窗口 T，利用该同化窗口内的所有观测数据和模型状态值进行最优估计，通过迭代而不断调整模型初始场，最终将模型轨迹拟合到在同化窗口周期内获取的所有观测上，如三维变分和四维变分算法等。顺序数据同化算法又称为滤波算法，包括预测和更新 2 个过程，预测过程根据 t 时刻状态值初始化模型，不断向前积分直到有新的观测值输入，预测 $t+1$ 时刻模型的状态值；更新过程则是对当前 $t+1$ 时刻的观测值和模型状态预测值进行加权，得到当前时刻状态最优估计值，其中权重根据二者的误差确定；接着，根据当前 $t+1$ 时刻的状态值对模型重新初始化，重复上述预测和更新 2 个步骤，直到完成所有有观测数据时刻的状态预测和更新，常见的算法有集合卡尔曼滤波和粒子滤波算法等。

(1)基于变分方法的大数据同化算法

三维变分算法(Three-Dimensional Variational Algorithm，3DVAR)假设某一同化时刻 t 以及时间段 T，3DVAR 用 $[t-T,\ t+T]$ 时间段内所有观测数据调整模型轨迹，最终将模型模拟轨迹拟合至该时间范围内所有观测值上。3DVAR 算法代价函数的一般形式定义见公式：

$$J(X) = (X - X^b)^T \boldsymbol{B}^{-1}(X - X^b) + (Y - HX)^T \boldsymbol{R}^{-1}(Y - HX) \tag{5-1}$$

公式中 $J(X)$ 是代价函数，X 表示状态量，X^b 是背景场，$\boldsymbol{B}$ 是背景场误差协方差矩阵，Y 是观测数据，H 是观测算子，$\boldsymbol{R}$ 是观测场误差协方差矩阵，使得 $J(X)$ 取值最小的状态量即为最优估计状态量。求 $J(X)$ 最小值可以转化对 $J(X)$ 求一阶导数得到梯度方程，使得 $\nabla J(X)=0$ 的 X 即为最优状态估计值。

(2)基于滤波的大数据同化算法

卡尔曼滤波算法(Kalman Filter，KF)是顺序数据同化算法的理论基础。卡尔曼滤波算法综合利用一切可能的观测信息和模型与观测数据的误差统计特征对状态量进行估计，使状态估计值的误差最小。利用卡尔曼滤波算法实现数据同化分为预测和更新

2 步，预测是根据当前 k 时刻模型的状态量预测 $k+1$ 时刻的状态量，更新则是在已有观测数据的条件下对 $k+1$ 时刻的状态预测值进行调整，得到 $k+1$ 时刻状态量的最优估计值。然后，利用 $k+1$ 的状态量估计值重新初始化模型，重复上述步骤，直至所有有观测数据的时刻都完成状态值预测和更新。卡尔曼滤波的基本公式如下。

预测公式

$$X_{k+1}^{f} = M_{k,\ k+1} X_{k}^{a} \tag{5-2}$$

$$P_{k+1}^{f} = M_{k,\ k+1} P_{k}^{a} M_{k,\ k+1}^{T} + Q_{k} \tag{5-3}$$

更新公式

$$X_{k+1}^{a} = X_{k+1}^{f} + K_{k+1}(Y_{k+1}^{o} - H_{k+1} X_{k+1}^{f}) \tag{5-4}$$

$$K_{k+1} = (H_{k+1} P_{k+1})^{T}\ \ [H_{k+1}(H_{k+1} P_{k+1}^{f})^{T} + R_{k+1}]^{-1} \tag{5-5}$$

式中，X_{k+1}^{f}是 $k+1$ 时刻的状态预测值，X_{k}^{a} 是 k 时刻状态分析值，$M_{k,k+1}$ 是 k 时刻到 $k+1$ 时刻的线性状态变化关系，通常根据状态量随时间变化的物理意义确定，如未饱和土壤水含量随时间变化，P_{k+1}^{f}是 $k+1$ 时刻预测值的误差协方差矩阵，在同化过程中需要给定起始时刻的误差协方差矩阵，P_{k}^{a} 是 k 时刻分析值的误差协方差矩阵，Q_{k} 是模型误差方差矩阵。

(3)基于概率论的大数据同化算法

粒子滤波算法(Particle Filter，PF)是基于贝叶斯采样估计的顺序重要采样(Sequential Importance Sampling，SIS)滤波思想发展起来的。粒子滤波通过寻找一组在状态空间中传播的随机样本对概率密度函数进行近似，以样本均值代替积分运算，从而获得状态最小方差估计的过程，这些样本即称为“粒子”。随着粒子数目的增加，粒子的概率密度函数逐渐逼近状态的概率密度函数。粒子滤波基于蒙特卡罗采样仿真，假设能独立从状态后验概率分布 $p(X_{k}^{a} \mid Y_{1:k})$ 中采样获取 N 个带权重样本 $\{X_{i,k}^{a},\ w_{i,k}\}$，$i=1,\ 2,\ \cdots,\ N,\ k=1,\ 2,\ \cdots,\ T$，$w_{i,k}$是每个粒子的权重，$N$ 是粒子数目，T 是同化时间。当粒子数目足够多时，状态的后验概率可以通过公式近似。

$$p(X_{k}^{a} \mid Y_{1:k}) \approx \sum_{i=1}^{N} w_{i,\ k} \delta(X_{k}^{a} - X_{i,\ k}^{a}) \tag{5-6}$$

粒子滤波算法是一种顺序数据同化算法，相比于卡尔曼滤波系列算法，粒子滤波算法不受系统非线性误差高斯分布假设的限制。

5.1.3　核电数据同化关键技术

在仿真机理模型中融入反应堆实时运行数据，同化数值模型，持续优化改进数值模型精度，使其不断迭代逼近真实反应堆模型。在反应堆运行过程中，系统参数或边界会发生变化，对于大量的测量数据，以及复杂的反应堆模型，需研究数据同化技术，实现利用核电实时数据，自动校正模型中的相关参数，保证模型能真实反映反应堆的实际运行状态；根据生产运维大数据，自动调整模型的边界或输入，并能实现模型的自洽。数据同化技术的难点在于准确保持模型的动力学信息、有效地同化海量数据、准确地度量误差传播，需发展稳定和高效的数据同化方法，同时要研究不同数据同化方法的优劣性能评价方法和原则。因此，核电数据同化过程中需要解决反应堆的高精度仿真建模、核电厂运行实时大数据精准采集、高速传输、安全存储与高效应用等关键技术。

(1)核电高精度仿真建模技术

反应堆高精度集成仿真系统，为核电大数据同化平台技术的仿真支撑环境，主要研究内容为高分辨率、高精度的核反应堆数值计算模型，同时满足实时性的要求，能刻画反应堆在稳态和瞬态过程中的物理机理，真实表征各种运行工况和事故工况的物理现象，为同化平台提供理论支撑和数据引擎。

反应堆高精度集成仿真系统属于工程分析及研究性软件，计算方式有别于传统培训堆芯软件，具有预测特性与计算基础，模拟精度上更趋近于实际的堆芯燃料表现，逼近于堆芯实时监测软件精度，与堆工分析软件结果保持一致标准。同时结合反应堆可视化技术，建立三维堆芯可视化模型。实时反映堆芯内部功率分布，有利于用户直观感受堆芯内部各因素的实时变化，实时掌握堆芯运行状态。为核电运行安全可视化、故障与预警、运行优化、设计改进、应急响应方案研究等提供基础。

反应堆是利用易裂变材料，产生可控的、自持的、链式裂变反应装置。裂变的同时释放大量的核能、新的核素以及次级中子。反应堆中有燃料、慢化剂、结构材料和控制材料等。反应堆一旦运行，堆内中子要与这些材料的原子核发生各种类型的相互作用，产生新核，发生一系列的放射性衰变现象。因此，反应堆是一个强大的各种粒子的辐照场。同时，反应堆的运行是建立在中子与堆内物质相互作用的基础上，所以，开发反应堆高精度集成仿真系统就是要开发堆芯中子学计算程序。堆芯中子学计算程序主要包括组件少群均匀化参数数据库及函数化、三维时空中子动力学模型、控制棒尖齿效应处理模型、精细棒功率重构模型以及仿真中其他计算模型等(如图 5-2 所示)。

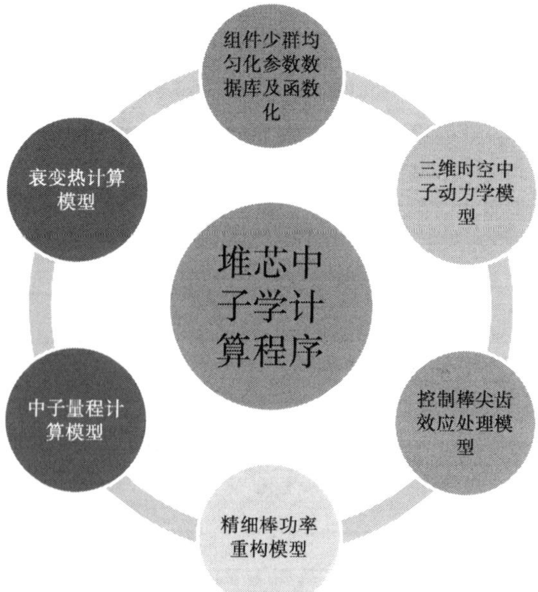

图 5-2　堆芯中子学计算程序结构图

1)三维时空中子动力学计算模型

基于两群均匀化参数和六组缓发中子数据实现堆芯三维时空中子动力学计算程序的研发，并且在计算精度和效率方面满足仿真系统的要求。三维中子学瞬态计算是基于三维时空中子动力学的计算，本项目对时间采用半隐式的 θ 方法以及频率变换法进行离散，空间采用粗网进行离散，从而实现对三维时空方程的求解。

考虑中子通量密度和缓发中子先驱核浓度对时间导数关系，基于扩散理论的三维多群时空中子动力学方程表示为：

$$\frac{1}{v_g^k}\frac{\partial \phi_g^k(r,\ t)}{\partial t}=\frac{1}{k_{\text{eff}}}\chi_{\text{pg}}\sum_{h=1}^{G}\nu_{p,\ h}\Sigma_{f,\ h}^k\phi_h^k(r,\ t)+\chi_{\text{dg}}\sum_{j=1}^{J}\lambda_j C_j^k(r,\ t)+\sum_{h=1}^{G}\Sigma_{s,\ h\to g}^k\phi_h^k(r,\ t)-\nabla\overrightarrow{J_g^k}(r,\ t)-\Sigma_{\text{tg}}^k\phi_g^k(r,\ t) \tag{5-7}$$

$$\frac{\partial C_j^k(r,\ t)}{\partial t}=\frac{1}{k_{\text{eff}}}\sum_{h=1}^{G}\nu_{d,\ h,\ j}\Sigma_{f,\ h}^k\phi_h^k(r,\ t)-\lambda_j C_j^k(r,\ t) \tag{5-8}$$

式中：ϕ 表示中子通量密度；C 表示缓发中子先驱核浓度；k_{eff}表示瞬态初始状态下的有效增殖系数；χ_{pg}表示瞬发中子裂变谱；χ_{dg}表示缓发中子裂变谱；λ 表示缓发中子先驱核的衰变常数；k 为空间离散后的节块编号；j 表示缓发中子先驱核分组标识；J 表示缓发中子先驱核总组数。

2) 组件少群均匀化参数数据库及函数化

组件的少群均匀化参数是基于扩散理论的三维时空中子动力学分析程序的实现堆芯稳态和瞬态计算的基本输入参数，包括：少群截面、不连续因子、毒物核素截面和裂变产额、动力学参数等。组件少群均匀化参数需要根据实际计算堆芯中燃料组件和堆芯反射层类型，在不同的堆芯工况条件下(燃耗深度、燃料温度、慢化剂压力、慢化剂温度、硼浓度和控制棒是否插入)预制组件少群均匀化参数关于不同堆芯工况参数的多维度制表形式数据库，并且对其进行函数化，为堆芯稳态和瞬态计算少群均匀化截面反馈提供函数形式。

3) 控制棒尖齿效应处理模型

在堆芯正常运行和控制棒价值计算过程中，将不可避免地在某一节块的轴向位置出现控制棒半插入节块的情况。在该情况下，节块的上半部分存在控制棒强吸收体，下半部分无控制棒强吸收体，将导致该节块的截面出现间断，导致控制棒微分价值出现震荡，称之为尖齿效应。为了处理控制棒的尖齿效应，目前主要的方法主要以下几种：体积权重方法、近似通量体积权重方法、一维细网通量体积权重方法和自适应网格方法。本项目采用一维细网差分方法处理控制棒尖齿效应。

为了降低一维细网的计算代价，本项目采用三节块的一维细网差分方法，只在轴向对控制棒半插入节块相邻的三个节块建立一维细网计算模型。对控制棒部分插入节块及相邻的两个节块共三个节块进行轴向的一维细网划分，在每个细网内求解一维横向积分固定源方程。

4) 精细棒功率重构模型

基于扩散理论的堆芯中子学计算方法，能够提供堆芯内各个计算节块内的中子通量密度。为了实现对堆芯关键参数，包括热点因子 F_{q} 和核焓升因子 $F_{\Delta\text{H}}$等的计算，需要在中子学计算之后，完成精细棒功率重构的计算。本项目采用源项展开方法实现精细棒功率重构。

通过全堆扫描、迭代更新的方式可以确定所有角点的通量密度，也就得到了精细的中子通量密度分布。基于重构的精细棒功率，即可获得堆芯关键物理参数及其出现位置，包括：热点因子 F_q、核焓升因子 $F_{\Delta H}$、径向节块功率峰值因子 F_{xy}等。图 5-3 展示的是基于精细棒功率重构模型得到的三维中子通量密度分布实验结果。

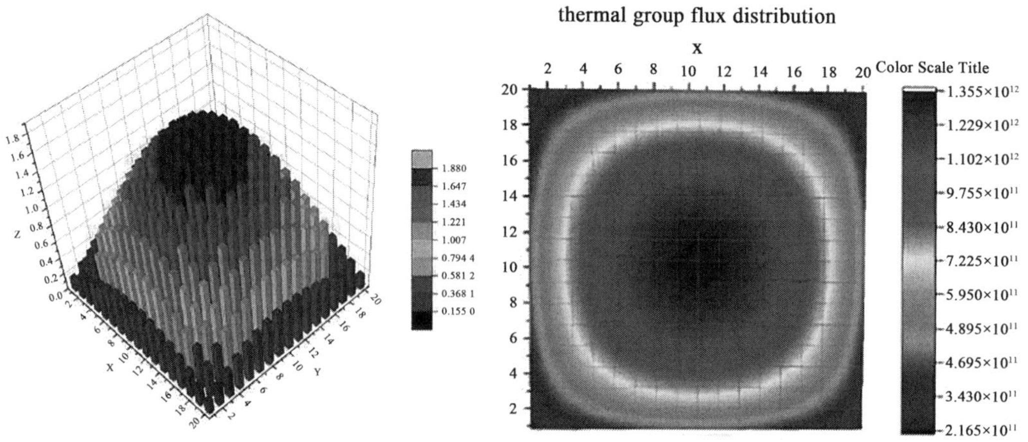

精细棒功率重构模型

图 5-3　三维中子通量密度分布实验

5）衰变热的计算模型

基于 ANS/ANSI 5.1 中的衰变热计算方式，实现对堆芯衰变热的计算。ANS/ANSI 5.1 标准中评估衰变热的方法仅适用于将^{235}U作为初始的裂变材料，^{238}U作为增殖材料的轻水堆。分别考虑^{235}U，^{238}U，^{239}Pu，^{241}Pu贡献的裂变产物衰变热以及^{239}U和^{239}Np贡献的重核衰变热，其他的可裂变核素均考虑成^{235}U。总的衰变热功率包括裂变产物衰变热和重核衰变热两个部分，表示为：

$$P(t,\ T) = P_d(t,\ T) + P_{dHE}(t,\ T) \tag{5-9}$$

对于裂变产物衰变热部分，停堆后裂变产物中的中子俘获仅对衰变热有很小的贡献，将其作为一个修正因子 $G(t)$ 与 $P'_d(t,\ T)$ 相乘，即可得到总的裂变产物衰变热：

$$P_d(t,\ T) = P'_d(t,\ T) \cdot G(t) \tag{5-10}$$

$$P'_d(t,\ T) = \sum_{i=1}^{4} P'_{di}(t,\ T) \tag{5-11}$$

式中：$P'_{di}(t,\ T)$ 为核素 i 在不考虑裂变产物中子俘获吸收时的衰变热；核素 $i=1,\ 2,\ 3,\ 4$ 分别表示^{235}U，^{239}Pu，^{238}U，^{241}Pu。

6）中子量程计算模型

堆外中子探测器响应计算是仿真系统中非常重要的一个内容，本项目基于 SN 程序的共轭计算，实现对堆外中子探测器响应因子 $\omega(i,\ j,\ k)$的计算；然后根据堆芯实时的功率分布，确定堆外中子探测器响应的计算：

$$R(t) = \sum_{i,j,k} P(i, j, k, t) \cdot \omega(i, j, k) \tag{5-12}$$

式中：$P(i, j, k, t)$表示节块(i, j, k)在时刻t的功率水平；$\omega(i, j, k)$为节块(i, j, k)的探测器对功率的响应因子；$R(t)$为时刻t的堆外中子探测器的响应。采用上述的堆外中子量程探测器响应的计算方法，可以实现对不同量程的中子探测器的响应率计算，包括：源量程、中间量程和功率量程。

反应堆高精度集成仿真系统主要包括堆芯中子学计算程序的以及三维堆芯可视化模型。堆芯中子学计算程序根据稳态和瞬态定义的堆芯工况条件，从组件少群均匀化参数库中通过状态参数的代入，获得计算所需的两群均匀化参数以及六组缓发中子数据，然后执行三维时空中子动力学计算、精细棒功率重构和堆芯关键参数计算，通过标准化数据接口，为系统分析程序提供必需的堆芯功率分布、$F_q/F_{\Delta H}$因子、裂变产物源项以及衰变热分布等参数。系统分析程序基于堆芯中子学计算程序提供的输入参数，完成整个电厂的系统分析，并且通过标准化数据接口，为中子学计算提供堆芯压力分布、流量分布、慢化剂温度分布、燃料温度以及堆芯硼浓度等关键参数，更新堆芯中子学计算程序的输入，并完成更新的中子学参数的计算。三维堆芯可视化模型通过标准数据接口与堆芯中子学计算程序对接，实现对堆芯关键参数的可视化，包括：堆芯压力分布、流量分布、慢化剂温度分布、燃料温度、堆芯硼浓度、堆芯功率分布、$F_q/F_{\Delta H}$因子以及堆芯限值参数及位置等参数，其总体方案如图 5-4 所示。系统开发流程如图 5-5 所示。

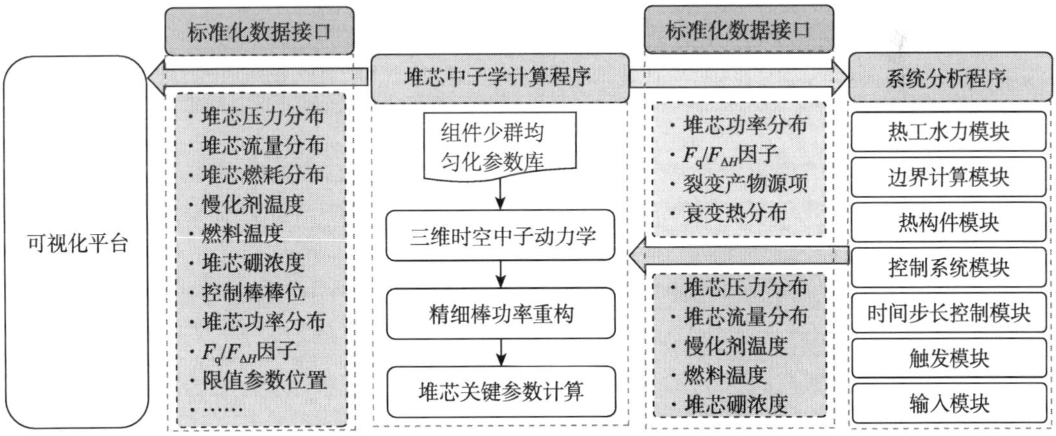

图 5-4　反应堆高精度集成仿真系统总体方案图

基于上述开发管理系统和软件编写规范，开发的反应堆高精度集成仿真系统可实现堆芯的稳态及瞬态计算，稳态堆芯计算根据用户定义的堆芯几何、材料和燃料布置信息，完成堆芯的中子学计算、热工水力计算和燃耗计算等，实现对堆芯启动物理试验、功率历史跟踪、控制棒微积分价值等计算内容。基于堆芯稳态和用户定义的堆芯瞬态序列，瞬态计算能够实现对瞬态堆芯关键物理量的计算。具体功能体现在如下几个方面。

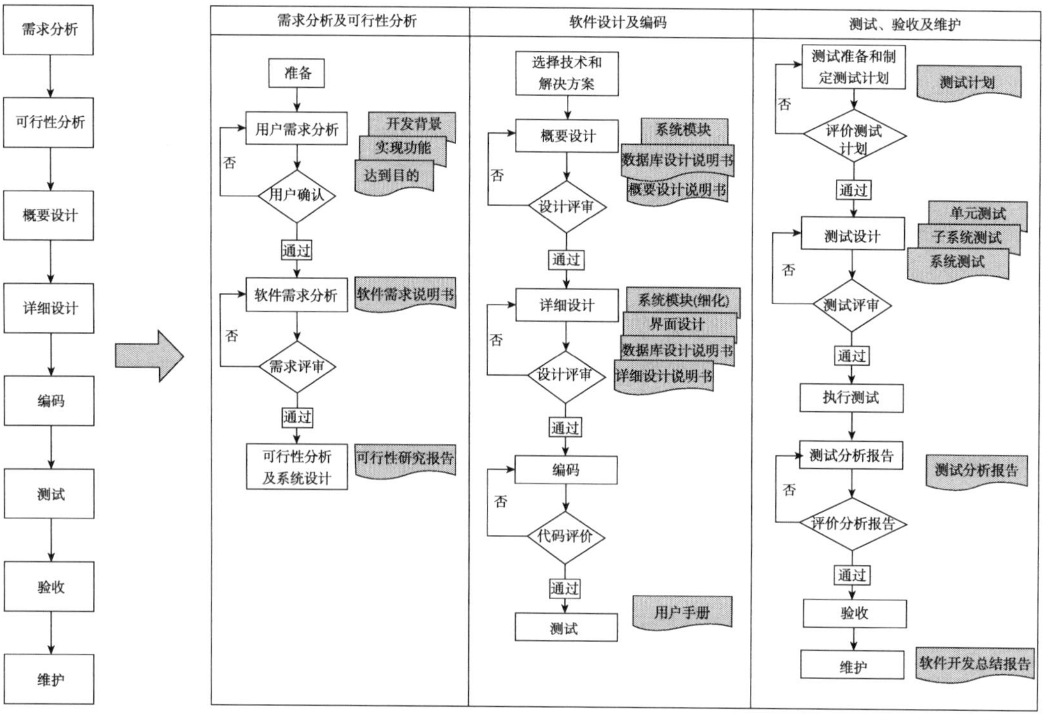

图 5-5　高精度仿真系统开发流程

1)数据库：包括多群截面数据库、燃耗数据库和动力学参数库；均使用 ENDF/B-Ⅶ自主加工；数据库包含了 258 种核素，可直接分析硼、AIC、钨、铪、钆等多种中子吸收体材料；多群截面数据库格式为 WIMS-D4，有 69 群、172 群和 361 群三种能群结构可供选择。

2)共振计算：采用子群方法直接在全组件范围内进行一步法共振计算，精确刻画组件范围内的共振自屏与互屏效应，具有较强的几何通用性，可直接适用于棒状、板状、环状、套管状等复杂几何和复杂成分的燃料(图 5-6)。

3)输运计算：采用组件模块化 MOC 方法，直接进行基于库能群结构的全组件一步法输运计算，有强大的几何处理能力，直接考虑水隙等精细结构。

4)燃耗计算：采用改进的 TTA 方法和改进的 CRAM 方法精确高效地求解核素燃耗方程；中子输运—核素燃耗的耦合计算可选择传统的预估校正法或者高阶燃耗耦合方法，能精准刻画可燃毒物的燃烧效应。

5)均匀化计算：采用广义等效理论进行组件尺度的均匀化计算；中子能谱的泄漏修正方法可在 B1、P1 或者基模方法中进行选择；能群规定方式允许用户自定义。

6)反射层计算：可进行传统的一维反射层计算，也可以进行二维多组件的反射层参数计算，还可以通过进行二维全堆芯直接一步法计算给出精确的反射层参数。

7)少群常数库：少群常数包括宏观截面、微观截面、探测器响应截面、不连续因子、棒功率分布形状因子、原子核密度、中子通量密度等；栅格程序具有完整的再启

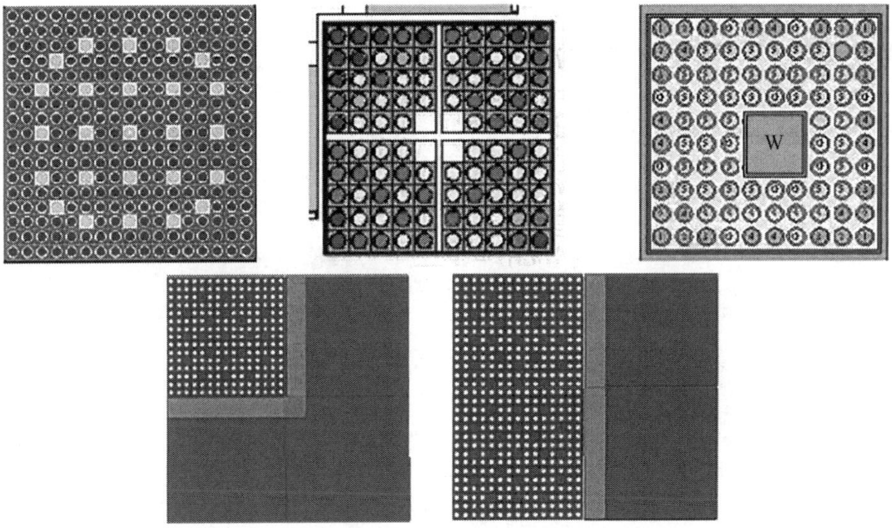

图 5-6　二维组件计算程序可处理的几何类型

动计算功能，可实现几乎任意的主干—分支计算；在默认一套参数化计算策略的基础上，允许用户对参数化过程中状态参数的选择与组合、状态参数的分段、拟合函数的形式与阶数、少群常数的类型与能群数、拟合状态点与验证状态点的设置等进行自定义。

8) 堆芯中子扩散计算：采用先进的变分节块方法，避免横向积分；可直接处理截面和不连续因子非均匀的节块，完全消除控制棒尖齿效应；可直接给出节块内连续的中子通量密度分布，大幅度削减精细功率重构过程中带来的误差；可进行精确的共轭中子扩散方程的求解，给出精确的有效动力学参数。

9) 堆芯热工水力学计算：采用并联多通道模型，逐一计算堆芯内的各个通道内的冷却剂温度分布、燃料温度分布、包壳温度分布、包壳热流密度等。

10) 堆芯中子动力学计算：采用预估校正的改进准静态方法，在大时间步长上分析慢变化的物理过程，在小时间步长上分析快变化的物理过程。

11) 堆芯多物理耦合分析：用紧耦合的方式，考虑三维堆芯内的核-热-燃耗等多物理场之间的耦合效应；具有临界硼浓度搜索、控制棒临界棒位搜索、动力学参数计算、毒物原子核密度计算、控制棒积分和微分价值计算、反应性系数计算等功能模块；可进行基负荷运行模拟计算、负荷跟踪模拟计算、控制棒插入极限和咬量计算、标签换料计算等。

12) 建立三维可视化堆芯模型：通过计算程序与三维可视化堆芯模型的对接，实现三维堆芯可视化。实时反映堆芯内部功率分布，包括轴向、径向功率分布；控制棒动态及对堆芯功率的影响；压力容器水位的动态显示；通过计算得出正负反应性的平衡图显示等(图 5-7)。

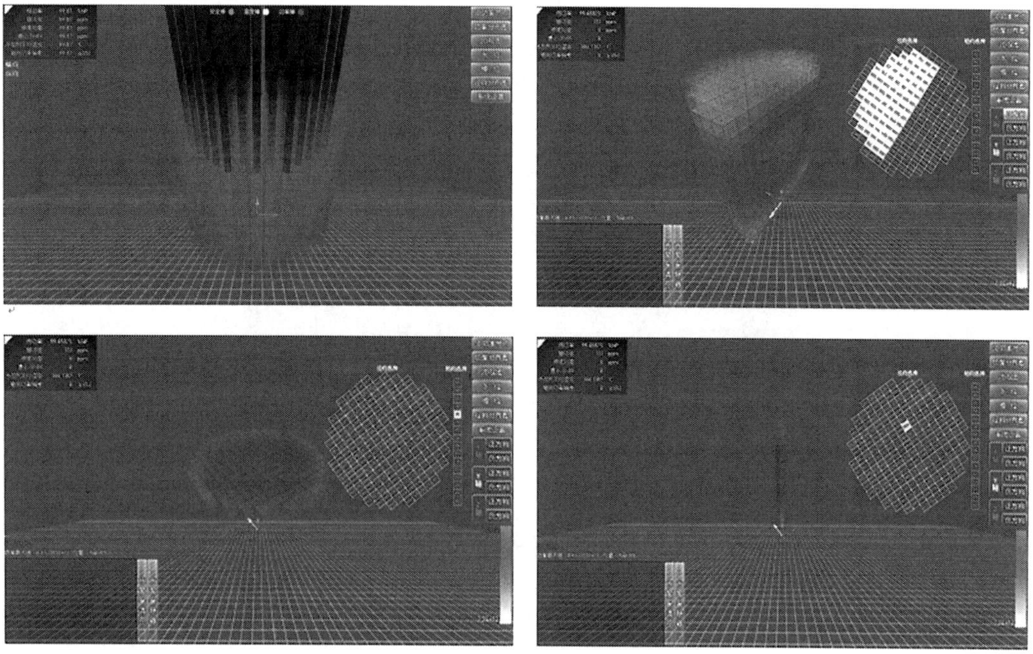

图 5-7　三维可视化堆芯模型

(2)核电厂实时数据系统平台

从核电厂数据采集和控制技术、计算机及网络技术的发展水平来看，使得自动控制系统和管理信息系统之间实时数据的传输成为可能。近年来国内核电厂投产进入高峰期，新建核电厂不断投入运营，迫切需要尽快充分利用和优化生产管理经验，集成在线数据技术管理平台，以此为依托进行核电厂运行、维修、技术支持等各个领域技术问题的深层次分析，同步提高各核电厂的运行管理水平，提升电站的安全性、可靠性和经济性。如何采集存储核电站大容量的秒级生产数据，充分考虑不对生产造成干扰及确保核电站重要数据的保密性及安全性，并进行核电站全寿期的数据管理，设计、建立自主知识产权的核电实时历史数据库，形成核电全厂在线实时生产数据平台。

核电实时数据平台的主要作用是构建结构合理的软/硬件平台，建立全厂生产过程实时/历史数据库平台，采集全厂生产数据，实现全厂范围内生产数据的集中存储、管理及应用，为运行、维修、技术支持等生产监管人员提供全厂生产过程的监控及综合优化服务。

核电实时数据平台作为生产过程控制系统与电厂信息管理系统的桥梁，起到电厂运行状态管理的作用，功能包括历史回放、趋势查看、数据查询等。与电厂信息管理系统有所区别：本技术侧重仪控技术本身，用于生产过程的监测与管理，作为 DCS 系统信息化的补充；而电厂信息管理系统侧重企业管理现代化，主要使用与生产非直接相关的信息，基本无实时性要求，包括计划管理、进度管理、物资管理、费用管理、安全环境管理及行政管理等。

核电实时数据平台的设计要求包括总体设计要求、总体功能要求及质保要求，具体如下：

1) 总体设计要求

①系统规划需要遵循核电厂信息化总体规划，充分体现核电厂全寿期的管理特点，统一规划、兼顾现状、立足本期、考虑发展；

②系统规划需要符合系统性和集成化的要求，包括全面分析企业内、外部整体信息的需求与联系；

③系统规划需符合实用性和先进性的要求；

④系统规划具有完善的系统信息安全策略。

2) 总体功能要求

①直观了解电厂生产情况，及时掌握所属电厂的生产指标及汇总的情况。增加对重要信息了解的普及率，减少现有人员进行的大量数据统计分析和纸面工作，提高管理效率；

②在线掌握所属电厂的生产状态及主要设备运行参数，及时了解和监督本电厂是否稳定、经济运行，对本电厂机组的主要运行指标进行监管；

③在线管理监督机组非停、检修的情况；

④为现有的电厂信息管理系统提供实时现场数据，提高生产预警水平、提升自动化数据分析能力，以进一步保障各种核电厂安全运行管理。

核电实时数据平台主要功能包括：

1) 核电厂实时生产数据库

核电实时数据平台实现核电厂生产数据的采集和处理，并存储从核电厂冷试、热试、投运、退役期间的所有数据。同时，该系统能支持电厂设备状态监测、故障预测、故障诊断和设备健康量化评估等设备管理。

2) 生产过程信息监视

生产过程信息监视包括画面和报警两个基本功能。

画面以趋势图、棒状图、参数组等多种形式进行动态显示，正确实时地显示生产过程数据、设备状态、报警信息等，为运行、维修、技术支持等生产监管人员进行全厂范围内生产过程的监控。

报警可实时显示 DCS 当前报警情况，给操纵员对发生的未曾预期的事件予以提醒，按报警优先级从高到低分别为红、黄、白、绿。红色表示：不能自动处理需操纵员立即采取行动的故障；黄色表示：不能自动处理但操纵员可以延缓处理的故障；白色表示：能自动处理并不需要操纵员采取其他操作，只需检查自动装置所采取措施的效果或要求采取维护补救措施；绿色表示：被自动处理但导致机组停机，操纵员必须监视发生的各种自动动作。

3) 生产过程的历史回放

生产过程的回放功能是对历史生产过程进行全局“回演”，为电厂历史运行状态和操纵员操作的正确性的评价和分析，为电厂运行的经验反馈和优化后续生产过程和生产管理，对电厂生产过程中事件事故进行剖析，对机组某段时间内的运行情况，特别是启停、异常及事故工况进行分析和回顾，提供了强有力的工具和手段。

4)数据查询比较

核电实时数据平台集中了全厂所有机组的数据，可方便地提供机组关键数据的查询比较功能及自定义数据的查询比较功能。

核电实时数据平台位于 LEVEL3 层，分布在生产大区的非控制区及信息管理区内，并不直接参与生产。核电实时数据平台采用服务器/客户端(B/S)结构，能保证核电厂信息的保密性和系统的可靠性。服务器包括数据库服务器、应用软件功能计算机或服务器、应用软件维护管理计算机、系统备份服务器、防病毒服务器，网络系统维护管理计算机，完成核电实时数据平台的应用功能和管理功能。系统内的其他计算机工作站称为客户端。

核电实时数据平台包括接口层、数据层和应用层，见核电实时数据平台的架构，具体内容如下：

接口层从 DCS 等生产过程控制系统采集生产过程数据，用分布式方式与各生产过程控制系统进行实时数据的传输。一般接口软件安装在相应的数据采集接口机上，能够配置多种连接和发送的方式，当出现故障时，还可以缓冲存储数据，当系统正常后能自动恢复传送信息。主要设备有 DCS 网关机、核电实时数据平台数据采集接口机、交换机、单向网闸等。

数据层由一台或多台数据库服务器组成，支持对数据的更新、查询、脚本处理。在数据库中创建实时数据分类，接受和处理来自控制系统接口的实时数据，同时进行快速的压缩和存储。主要设备有实时/历史数据库服务器、核心交换机、磁盘阵列等。

应用层是对全厂的功能发布，用于实时过程监控，用户通过专用的客户端软件访问核电实时数据平台。主要设备有应用服务器、关系数据库服务器、交换机等。

5.1.4 核电厂数据同化应用场景

核电大数据同化技术可应用于以下方面：(1)核电在运机组的大数据分析与安全监控：获取核电厂一回路系统设备的瞬态数据，基于多尺度计算分析工具，实现对设备疲劳寿命状态的精确表征和可视化监控；(2)核电厂设备故障预警：捕捉运行异常，进行设备故障预警，如获取一回路设备振动响应数据信息，基于设备的振动分析模型，快速评估一回路设备振动性能；(3)核电厂机组运行状态预测：对事故异常早期预警，并给出决策建议，提高核电安全性能；(4)核电厂运行策略优化：通过对在运机组生产运维大数据的分析和安全监控，提出电厂运维期间的运行策略优化方案；(5)核电新堆研发辅助核电设计改进优化。典型应用场景如下。

(1)基于数据同化的核电厂故障诊断模型

设备发生故障的概率大小与设备运行时间以及系统运行工况密切相关。由于核电厂系统的高度耦合性，即使单一设备故障，其影响也会在整个电厂系统中传播，引发众多系统异常，因此核电厂故障诊断通常分为两个层次的问题：系统级故障诊断以及设备级故障诊断，前者用于在多个系统异常时进行故障定位，后者用于对设备故障的关键属性(例如故障类型以及故障程度等)进行分析。设备在不同的运行工况下具有不同的故障模式，传统的核电厂故障诊断模型依据特定工况下系统期望的稳态运行状态建立，变工况下故障诊断模型及方法一直是困扰学界以及核工业的难点问题。根据核电厂实时运行数据更新系统故障诊断模型的方法，在稳态工况及变工况下实现设备故障定位和确定故障发生的概率，同时研究利用核电厂历史数据和仿真数据，采用大数据技术对设备故障的类型和程度进行准确评估的方法。

本研究内容在以下四个层次上构建核电厂故障诊断模型(图 5-8)。

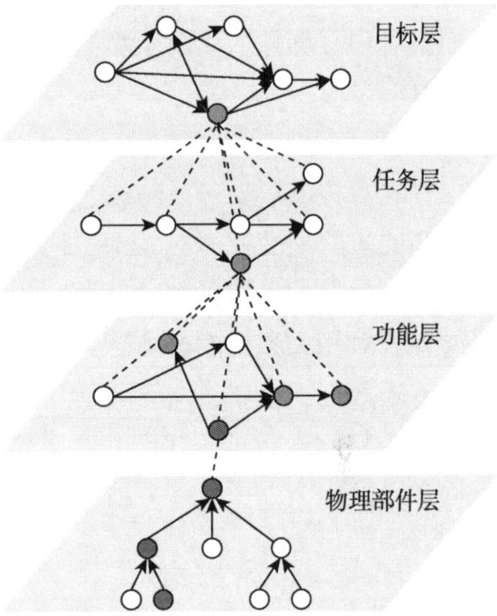

图 5-8　层次化故障诊断模型及同化

1) 目标层模型：核电厂以运行划分为启堆、功率运行、瞬态、事故工况以及停堆等多种运行工况，电厂在每种运行工况下具有不同的安全目标和可用性目标。首先识别电厂各种运行工况和量化运行目标，其次采用状态迁移图方法描述电厂运行目标的迁移和迁移条件，最后根据电厂量化目标对电厂实际运行数据进行分析标定电厂当前工况，当电厂目标不满足量化运行指标或者在不满足迁移条件下实施工况变化时即诊断电厂处于目标性故障。

2) 任务层模型：在特定电厂工况下，电厂各系统按运行规程、分阶段完成规定的任务。采用动态人机交互模型技术，描述电厂各系统的阶段任务、任务实施的入口条件、任务期望、异常处理以及最终任务状态。根据电厂实际运行数据标定电厂当前所处任务阶段，进一步判别任务实施的条件、顺序以及任务实施结果，如果与动态人机交互模型所定义的任务期望产生偏差即判断电厂处于任务性故障。

3) 功能层模型：当电厂任务发生故障时会引发报警并导致关联系统异常，功能层模型采用多层流模型方法，首先识别电厂各系统的任务目标，然后识别实现目标的功能，将功能按物质、能量和信息分别组成相互作用的物质流、能量流和控制流。按电厂能量守恒、物质守恒以及控制程序识别功能之间的因果依存关系。当系统产生报警时，对系统功能进行同化，采用智能报警分析方法根据功能之间的因果依存关系识别报警事件的根原因和因果路径。

4) 物理部件层：物理部件层描述了可能引发报警事件的物理部件的故障原因。采用基于贝叶斯网络的证据推理方法，首先将导致报警事件的原因划分为仪控系统故障、内部设备故障以及外部故障三种类型，然后逐一识别各种类型故障具体的故障原因以及报警响应规程中规定的诊断步骤，并依此构建出层次化的贝叶斯网络推理模型，推理模型中故障原因的先验概率和节点之间的条件组合概率通过对大量的电厂历史数据进行挖掘获得。在确认报警事件发生后，根据操纵员实施报警响应规程的过程所获得的证据对物理部件层诊断模型进行同化，得到各种可能导致报警事件发生的故障原因及其概率。

(2)基于数据同化的核电厂动态风险模型

实现对核电厂动态风险模型的同化，可通过系统仿真测试和前摄性风险评估识别出重要的风险演变路径，反馈用于指导核电厂实际运行，提高核电厂的运行安全性。而基于同化后的风险模型动态路径推演分析结果又可作为仿真实验结果的补充和验证，最终实现对相关数据的整体融合，以支持操纵员运行决策。

基于数据融合的核电厂动态风险模型同化分析技术框架主体结构包括三部分：1)核电厂实际运行过程状态和实时监测数据；2)系统仿真模型及仿真数据；3)动态可靠性和风险模型以及风险分析数据。三者之间相互关联，互为支撑(图5-9)。

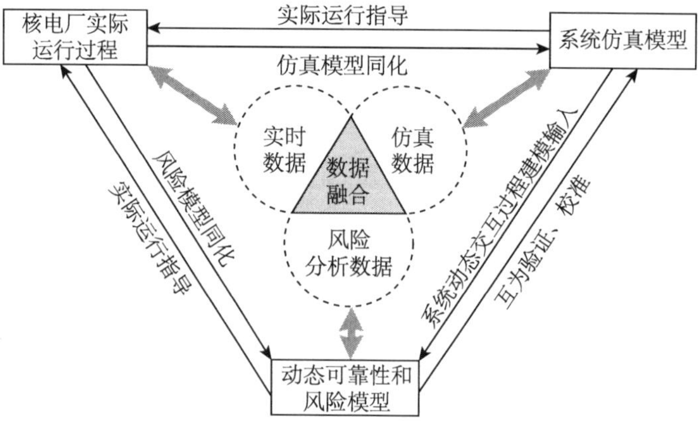

图5-9　基于数据融合的核电厂动态风险模型同化技术研究方案

核电厂动态可靠性及风险模型拟通过Markov/CCMT方法建立。Markov/CCMT建模分两部分，既包括基于确定控制规则的系统过程动态模拟(CCMT模型)，也包括系统物理部件的随机失效过程模拟(Markov模型)，是一种集确定论和概率论于一体的综合分析方法。结合系统仿真测试分析，构建系统运行状态转移映射关系表述CCMT模型；同时基于核电厂系统部件故障模式及影响分析(FMEA)和有限状态机(FSM)建模，建立系统部件状态转移映射关系表述Markov模型，通过耦合最终型号才能确定核电厂动态可靠性及风险模型。

核电厂动态可靠性及风险模型同化拟通过对核电厂实际运行过程参数数据的融合实现。如图5-10所示，核电厂现场运行和监测参数数据最先汇集于大数据采集和管理中心，经由数据挖掘和处理，有针对性地提取与核电厂动态可靠性和风险模型相关的系统过程参数、控制部件状态、操纵员控制指令以及设备可靠性数据，并依据实时运行参数修正核电厂动态可靠性及风险模型，实现数据—模型同化。

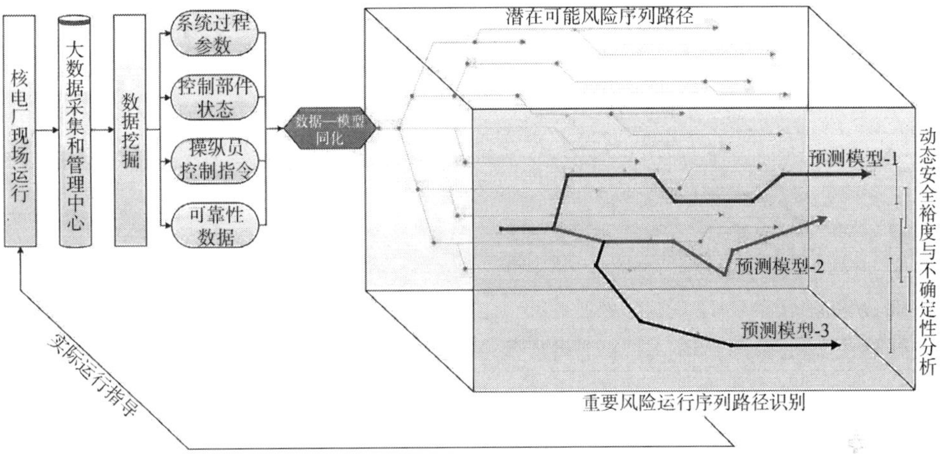

图 5-10　核电厂动态风险模型同化及分析

(3) 基于数据同化的核电厂辐射数据场

根据核电厂的物理边界，核电厂的辐射场分为厂内和厂外辐射。厂外的辐射事故关系到核电科学应急、公众安全以及核电的健康发展。

基于大数据的核电厂辐射模型同化技术研究采用理论方法和数值仿真实验相结合的方法实现基于数据同化的核电厂辐射数据场评估，具体研究技术方案参见图 5-11。基于数据同化的核电厂辐射数据场评估技术框架主体结构包括三部分：1) 核电厂实际预测模型；2) 状态量的直接或间接观测资料；3) 数据同化算法。其中数据同化算法是连接模型和观测数据的桥梁，通过同化算法将观测数据融入物理模型。采用的预测模型由高斯烟团模式和核素沉降模式联合组成。观测数据为少量的浓度数据和近地面剂量率数据。

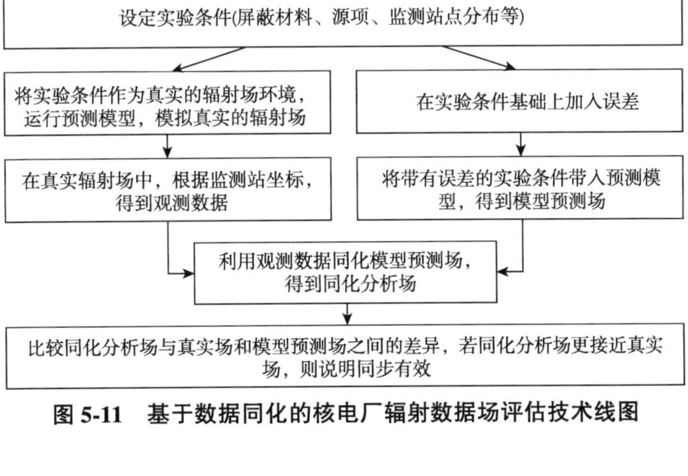

图 5-11　基于数据同化的核电厂辐射数据场评估技术线图

5.2 核电在线仿真与推演技术

5.2.1 在线仿真技术背景

随着计算机技术的发展及核电机组增长的需求，核电在线仿真技术的研发已成为一种新的方向。在线仿真是仿真技术的全新发展，期中涉及一系列的创新技术。核电站在线仿真是仿真系统与电厂系统同步运行，并利用实时采集实际装置的现场数据在线地模拟真实系统的动静态特性，在线仿真系统对计算精度要求更高。通过跟踪现场数据能够在线分析装置的实际运行状态，采用超实时运行实现对装置未来状态的预测，对核电厂安全与经济运行有着重要的实际意义。亚仿研发的在线仿真技术已在华能伊敏电厂 500 MW 机组得以实际应用，实现了每年煤耗节约 600 万元；节约厂用电 2400 万度(1 度=1 kW · h)。在管道工业的仿真中，国外已经广泛采用了在线仿真软件，美国 SSI 公司开发的 On-line System 为方便客户，将在线系统各功能以模块的形式推出，主要包括：实时模块、预测模块、自动预测模块和应用模块。对于核电厂工作过程的仿真，目前有相当多的论文发表，有涉及核电厂全范围动态过程仿真的，也有对核电厂单个重要设备或者系统(例如蒸汽发生器)进行仿真的。现阶段的核电厂在线仿真系统的研究工作还处于起步阶段，主要是对堆内在线监测系统的研究。

对堆内在线检测系统，国外研究较多的是美国 GSE 公司，西屋公司和法国 Framatome ANP 公司。美国 GSE 公司在吸收 RELAP5/MOD3 和其他著名的热工水力动态分析程序基本思想的基础上，结合多年的实时仿真程序开发经验，开发出 THEATRE 程序。现在 THEATRE 程序已成功用于多台全范围核电站操纵员培训模拟机的开发和软件升级，也曾用于高级核电系统仿真分析机的开发。

国内哈尔滨工程大学“十五”期间，在反应堆物理在线模型的研究上取得了一定的成果，其以秦山核电二期工程 1 号机组反应堆为研究对象，开发的反应堆堆芯物理在线仿真系统实现了对堆芯三维功率分布的实时在线跟踪，利用仿真计算的超实时性能够快速计算预测堆芯未来状态。由于系统没有与实际系统连接，只能采用历史数据来模拟现场测量数据，与真正的在线仿真还存在很大的差距。

5.2.2 在线仿真技术原理

核电站在线仿真是仿真系统与电厂系统同步运行，并利用实时采集实际装置的现场数据在线地模拟真实系统的动静态特性，在线仿真系统对计算精度要求更高。通过跟踪现场数据能够在线分析装置的实际运行状态，采用超实时运行实现对装置未来状态的预测，对核电厂安全与经济运行有着重要的实际意义。在线仿真推演是数字化电站的关键组成部分，对于提高电站安全性和优化管理运行有实际的意义。随着自动控制技术、计算机技术的发展和长期运行经验的积累，为了进一步提高核电系统运行的安全性和经济性，在线仿真作为运行支持系统，智能监控系统的关键技术显得越来越重要。可以验证紧急情况下的应对方案，预测事故工况下装置的动态特性，模拟各种事故工况。

在线仿真系统的主要目的是满足特定应用领域决策问题的动态性、实时性的要求因此总的来说，它除了需要有足够处理能力的计算机用于模型计算、足够快的网络用于分布的模型之间的信息交互之外。还必须具备的条件有：完备的模型体系清晰的模型语义描述、高效可靠的分布式并行机制、有效的资源查找定位机制和有效的数据记录机制。

实时在线仿真的过程分为建模及仿真运行两个阶段：建模阶段主要完成模型的功能建模，并对模型的语义进行描述，然后将描述信息存入模型信息库。其中模型语义描述又包括对模型的功能构成的描述及对模型的动态行为的描述。仿真运行阶段，系统根据待评估方案和建模阶段建立的模型及模型描述信息，生成各种实体模型的实例，通过信息网络获取实时信息对各实体进行初始化，并将这些实体组合为一个动态仿真联邦。之后，根据对模型的动态行为的描述及决策方案，随时间推进仿真运行，记录仿真结果。在线仿真过程示意图如图 5-12 所示。

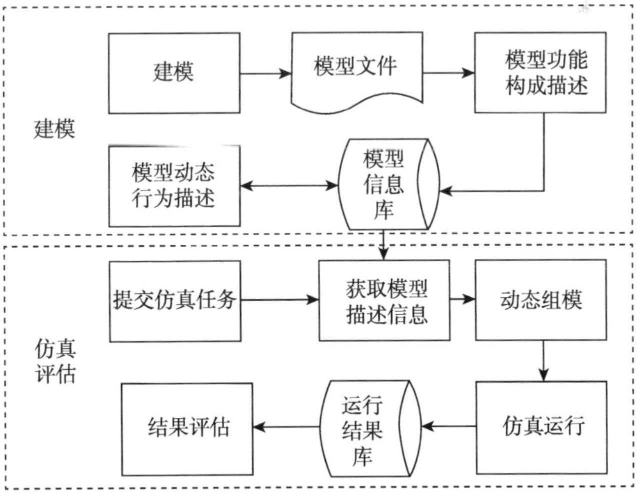

图 5-12　在线仿真过程示意图

与传统的离线仿真系统相比，在线仿真在技术上的重大突破就是实现了仿真系统与被仿真对象的有机连接与同步运行。电厂的在线仿真通过控制系统与仿真系统的数据共享直接取得现场运行状态和操作指令，并实时地对当前状态进行仿真计算、分析与预警，为在线安全监视、经济性计算、故障诊断提供在线的、智能化的辅助信息，确保运行安全。

(1)在线仿真推演功能

在线仿真的推演主要是结合高精度仿真模型与电站在线数据对电站操纵做出预警以及对电站运行历史中的事件做后续的分析，以防止操纵失误的发生，并有效地协助系统性能校验及运行工况分析。

在线仿真推演功能包括以下几个方面。

1）在线数据的收集与接入，实现在线数据在仿真机上的展示与回放；

2）在线数据与仿真数据的比较，通过比较来校验仿真模型与电站对应设备的一致性与准确度，以及对机组设备性能的在线监测；

3）主要设备的仿真模型自动调试，利用在线数据，实现仿真模型的自动调试，提高仿真模型的精度；

4）校验后的仿真模型与电站同时运行，在同步状态，对选定的设备主要参数做实时比较监测以期发现设备性能衰退的早期指示与寿期预测；

5)在线预警，仿真模型以超实时运行，预测设备或系统到达设定的预警值的时间，协助操纵员早期进行干预手段，以保证设备或系统正常运行；

6）系统事件分析，对电站非正常事件，依据历史运行数据，在仿真模型中分析事件发生原因，寻求并验证可能防御手段，以保证事件不再发生。

(2)在线数据的收集与接入

通常情况下，仿真机为孤立的网络，仿真机的运行与现场机组的运行无直接的联系。仿真机的控制部分仿真一般采用全仿真或是虚拟包(Virtual DCS)的方式。课题研究中为将现场在线的实时数据接入仿真系统，建立仿真机与现场机组的直接联系，选择将实时信息监控系统(KNS)与仿真机之间实现通信，仿真机单向接收在线数据，不向 KNS 发送数据。

在线数据由 KNS 收集架构如图 5-13 所示。

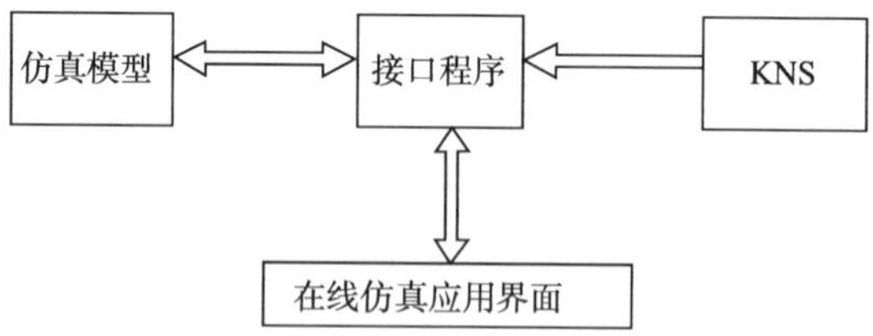

图 5-13　在线数据与 KNS 数据传递架构图

其中，接口程序和 KNS 的数据库之间单向通信，只从 KNS 读取数据，不向 KNS 发送数据；仿真模型和接口程序之间双向通信，向仿真模型发送从 KNS 取得的在线数据，并读取仿真模型的计算数据；接口程序与在线仿真应用界面之间双向通信，向在线仿真应用界面发送从 KNS 与仿真模型读取的数据，并从在线仿真应用界面读取用户输入的设定值。

在线数据收集的工作包括以下内容：

1）开发在线数据连接接口程序，批量化进行实时与历史数据收集；

2）建立在线数据收集点表；

3）KNS 数据点（每秒采集一次）与仿真模型点（1/8 秒计算一次）对接并做同步处理；

4）开发数据连接及收集的人机界面；

5）上述功能开发完毕后，可以实现在线数据在仿真机上的展示和回放。

（3）在线数据与仿真数据的比较

在线数据与仿真数据比较包括主要设备的状态比较和模拟量的比较，主要设备状态的比较用于比较机组的运行方式，结合机组的部分关键参数，在仿真机上寻找机组运行的相似工况。在相似工况下，比较模拟量的在线数值和仿真数值，来研究仿真模拟与现场机组特性的逼真度，为仿真机的在线推演及应用提供帮助。另外，在仿真模型被确认为比较精确的情况下，也可以用比较结果来分析机组的设备性能。

模拟量的比较，可以用列表的方式显示某一时刻在线数据和仿真工况数据的对比，也可以用趋势图的方式显示某一时间段内的在线数据与仿真数据的变化，以及根据现场的操作记录，对仿真机的相似工况进行相同的操作，记录仿真数据的变化趋势，从而实现将相似运行条件下，在线数据与仿真数据的动态趋势比较。

（4）在线预警

当仿真模型连接到在线数据后，所有的现场设备状态将传送到仿真机，包括泵的转速、阀门开度、控制棒位置等，而仿真模型将基于这些设备状态计算系统的动态表现。操纵员在主控室所做的一切操纵将同时在仿真机引起动态反应。仿真模型在前期的自动调试后，将实时产生与现场一致的动态表现。因此，在适当时机，如果加快仿真模型运算，以实时的两倍，或是更快的速度进行，将可对系统的动态变化进行预测。

在仿真模型加速运算时，其系统中的设备状态仍然是实时的现场的数据，所以仿真模型的预测值会随着设备状态的改变而改变。在预警应用投用的时候，仿真模型即进入超实时运算，以两倍于实时或更快的速度计算选定的关键参数，如水位，功率，反应率等。当操纵员进行某些操纵后，仿真模型将预测选定的关键参数在未来时间段的走向。

电厂一般对这些所选定的关键参数已有报警及自动保护机制，但是一旦报警出现，或自动保护机制启动，电厂就进入非正常操作范围，甚或导致停机停堆，造成影响电厂运营安全或绩效的事件[5]。因此，在线仿真应能提供“防患于未然”的应用功能，在前述的超实时运算的机理上预测某关键参数，在电厂报警与自动保护之前，设定预警值，提前提示操纵员在目前的操纵状态下，于若干时间后将进入报警，而让操纵员能有充裕时间预先进行处置，以避免报警或启动自动保护。

5.2.3　核电厂在线仿真系统设计

在线仿真功能设计包括在线仿真系统的框架设计，确定在线仿真对象，仿真系统需要在线显示的系统参数，以及选定需要进行在线模拟的系统运行工况。本报告选取岭澳核电厂的蒸汽发生器给水系统作为仿真研究对象，仿真系统参照大亚湾核电厂的设计进行建模。

(1)在线仿真系统界面框架

在线仿真系统应用界面框架分为六大板块，分为首页、模型调试与校准、在线仿真、预演、预警和故障诊断，如图 5-14 所示。首页需要显示“智能电站在线仿真系统”，并包含一个“开始”按钮。首页背景采用一张能够代表核电厂并具有特殊意义的图片，可以是电厂的外景图，或者选取电厂内部的系统结构图。

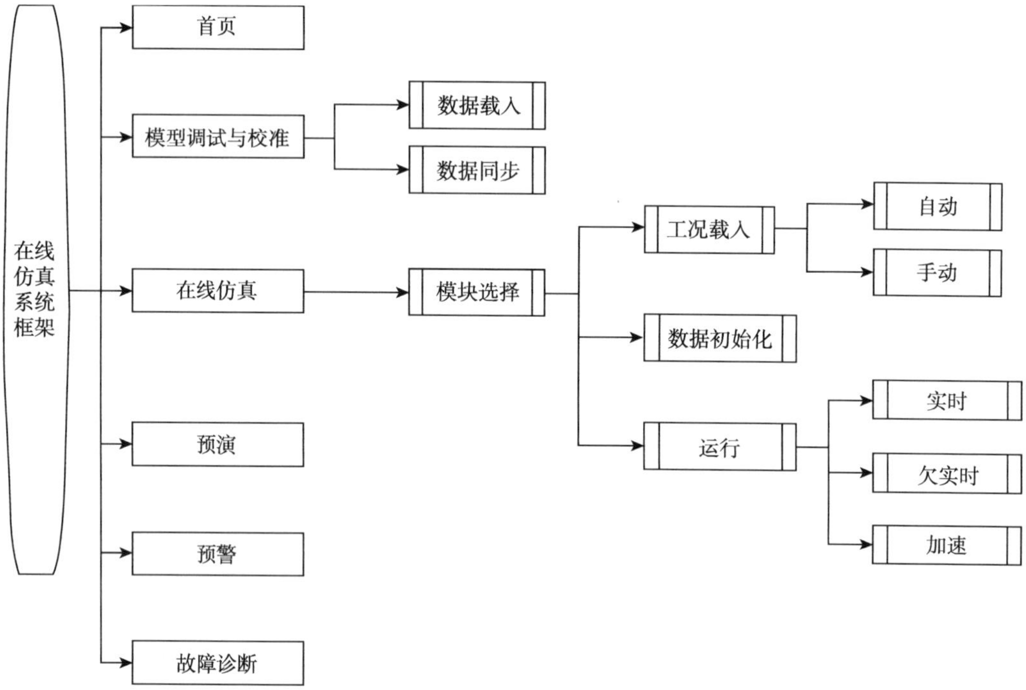

图 5-14　在线仿真系统框架

从首页点击“开始”后，进入在线仿真系统的功能模块导航页。导航页面的左边为菜单栏，里面包括仿真系统的五大功能模块，分别是模型调试与校准、在线仿真、预演、预警和故障诊断。导航页面的背景选取核电厂一回路系统布置图，系统停止计算时，背景图片是静止的，开始仿真计算时，背景图显示一回路系统的动态参数，例如：冷却剂热管段与冷管段温度、一回路压力、反应堆功率、蒸汽发生器水位等。

模型调试与校准功能模块，是用来向用户展示在线仿真的实现原理。它包括数据载入和数据同步两大块。数据载入是指从 KNS 平台向仿真模型引入电厂实时数据。仿真模型中，需要引入哪些数据，是根据仿真对象来确定的。以蒸汽发生器给水控制系统为例，在进行仿真计算时，需要引入堆芯功率、一回路冷却剂温度和压力、给水流量、蒸汽出口流量、给水入口压力、给水温度和蒸汽出口压力等相关数据。

数据同步主要用来调节模型的计算步长、计算速度和同步运行时间截断。模型从导入数据时开始计时，到模型的输出结果与实际运行数据一致时为止，中间需要一段时间。这段时间需要进行人工设定。为了实现在线仿真的目的，一般要求数据同步时间不能超过某一时间 t，如图 5-15 所示。这个时间 t 是由系统模型决定的。

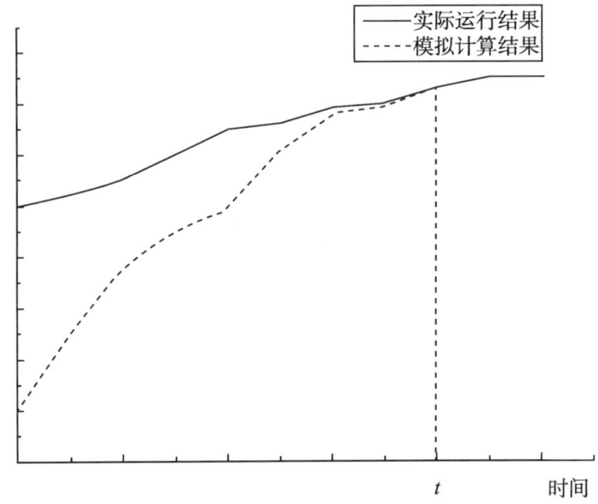

图 5-15　在线仿真系统参数趋势图

页面右边为选定的具体系统的工艺流程图。在模型调试过程中，该流程图能够动态显示各项指标参数。此外，在调试过程中，该页面还能调出实时数据与模拟计算结果的趋势对比方框图。

(2)在线仿真系统与 KNS 的对接

在线同步仿真模式(On-line Synchronous Simulation)是核电厂在线仿真系统的基本运行模式，即仿真系统在线获取现场操作指令同步进行仿真计算，除非在特殊情况下通过在线仿真控制站退出其运行，否则就一直连续在线运行。在线同步仿真通过实时共享数据库不断接收来自现场的操作状态信号和测量信号，依此进行跟踪计算和分析。在同步运行模式下，仿真系统中的运行操作设备(仿真 DCS 或操作台、屏)的操作对同步仿真模型是无效的。即模型只接收来自现场 DCS 系统的数据。但仿真的结果也可以显示在仿真 DCS 界面以及仿真的控制台、屏上。在线仿真模型首先需要与 KNS 平台实现数据对接，然后再通过系统的状态初始化，才能运行。而模型与核电厂的同步运行，是通过仿真模型内部对系统运行参数的不断修正来实现的。因此，实现核电厂在线仿真模型的在线实时仿真功能，首先需要完成核电厂运行实时数据(KNS 平台)与仿真模型的对接，然后对在线仿真模型进行工况初始化，最后通过模型内部的在线参数调整实现在线同步运行。

仿真模型与 KNS 平台对接针对 KNS 平台与仿真模型的对接，我们可以采用 OPC 协议。OPC 的全称是指用于过程控制的对象连接与嵌入技术，是针对现场控制系统的一个工业标准接口，是工业控制和生产自动化领域中使用的硬件和软件的接口标准。OPC 是为了不同供应厂商的设备和应用程序之间的接口标准化，使其间的数据交换更加简单化的目的而提出的。作为结果，可以向用户提供不依靠于特定开发语言和开发环境的可以自由组合使用的过程控制软件组件产品。OPC 的设计目的最重要的是即插即用，也就是采用标准方式配置硬件和软件接口。一个设备可以很容易地加入现有系统并立即投入使用，不需要复杂的配置，且不会影响现有的系统。

核电厂实时数据平台 KNS 与在线仿真模型成功对接后，需要利用数据采集与分析模型从 KNS 平台提供的电厂运行数据中，获取在线仿真系统所需的数据。数据采集与分析模型包括数据采集与数据分析两个子模型。数据采集主要用于从 KNS 平台中挑选在线仿真模型需要的数据，数据分析模型用于分析和转换不能直接用于仿真模型的数据。以蒸汽发生器给水控制系统为例，数据采集模型需要从 KNS 平台中挑选出一回路冷却剂热/冷段温度、一回路冷却剂压力、蒸汽流量、给水温度、二次侧蒸汽压力、蒸汽质量流量、给水流量和给水控制阀门开度等相关参数。

(3)运行工况的初始化

对于在线同步仿真模式，仿真模型的起始工况与现场的运行工况必须一致。虽然在线仿真模型可以通过共享数据库得到所有的现场控制状态和测量参数，但仿真模型中存在大量的过程量和中间量，它们无法从现场得到，所以必须进行在线仿真的初始化。基本的实现方法是：在初始启动在线同步仿真时先从已经保存的初始工况中选择最接近当前工况的一个初始工况调入内存作为初始化计算的起点，这个调入的初始工况与现场实际运行状态可能会有差异，此时初始化计算程序启动并开始对所有的仿真模型量(包括过程量和中间量)进行初始化。初始化计算程序分析模型计算结果与核电厂实际值(模拟量)的误差，当所有被检验值的误差要求且所有开关量状态与现场值完全一致时，认为初始化完成，结束初始化程序的运行，实时在线同步仿真模型投入计算。

需要说明的是，初始化计算机的过程中，在线同步仿真的模拟计算并没有开始。只有初始化完成之后，在线同步仿真才真正开始。另外，在变化比较剧烈的运行过程中(如主机刚跳闸)可能会导致无法完成初始化过程，即在变化比较剧烈的瞬态工况下无法完成在线同步仿真的投入操作。在线分析程序功能进行运行状态分析、经济性指标计算及异常和故障分析计算，这些结果将通过在线仿真信息站提供给用户。在线同步仿真模式一经启动，就开始记录历史数据，所记录的历史值供相关人员通过在线仿真信息站界面查看趋势，也是进行历史工况分析和一些指标性参数计算的依据。在线同步仿真的启动、停止等控制由用户通过在线仿真控制站实施。

(4)参数在线修正

在进行在线仿真的过程中，需要将模型的计算结果与电厂的同步运行结果进行对比。由于 KNS 平台所提供的参数不涉及模型底层参数，例如管道内部的流动阻力、管壁的换热系数、流体的焓值和比热容等，在线仿真系统要通过特征参数修正和特征参数分析模型计算这些参数，并通过这些参数来实现计算换热、传热的关系式或者模型的转换。在线仿真最关键的技术之一就是模型的特征参数的在线修正，即利用从反应堆冷却剂系统中测得的有限数据，对仿真结果进行比较和修正，从而提高仿真的精度，使仿真机与实际核动力装置保持同步运行，达到及时跟踪现场的实际状态的目的。在线仿真的参数在线修正可以分为以下两种情况：

1）对仿真结果的修正

利用反应堆冷却剂系统的测量系统所测得的有限数据与仿真计算所得的结果进行比较，选择合适的算法对仿真结果进行校正，使之与实际系统的数据保持一致，将修正过的仿真结果作为初始条件对仿真系统进行在线初始化，从而使仿真机与真实系统保持同步。这种利用测量数据对仿真机 IC 进行修正的方法比较容易实现，但是它所采用的计算还是原来的模型，所以这种方法并不能解决累积误差的问题。

2）对模型参数的校正

所谓模型参数校正即是根据实际系统的运行状况，对仿真系统中各个独立的参数进行调整以使模型能够准确表达具体仿真对象的过程。实质上就是使设定目标函数后的组合优化问题。对于每一个目标函数有两类输入，一类输入是实地检测的数据；另一类是模拟模型输出的对应数据。需要校正的仿真参数一般包括特性参数。参数校正的目的是使仿真输出结果与实际测量的数据差异最小。图 5-16 展示的是在线仿真系统具体校正流程。

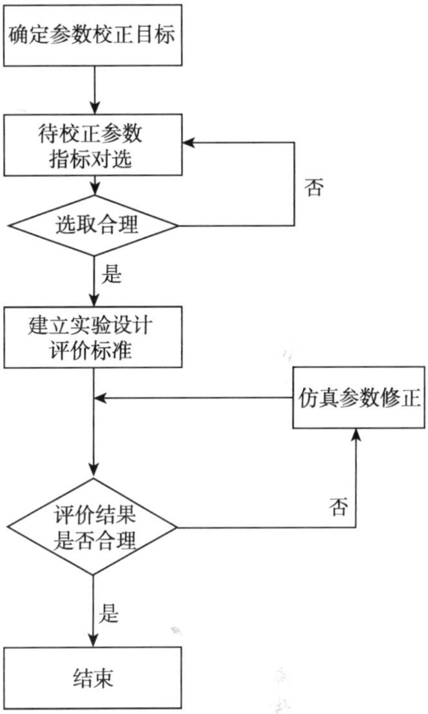

图 5-16　在线仿真系统校正流程图

（5）在线功能推演

运行仿真模型以超实时（Faster Than Real-time）速度计算就可以预测系统未来的运行状态，这就是在线预测仿真模式。显然，通过对系统状态的预测可以预知系统运行的问题，提前提醒运行人员，从而及时纠正运行问题，防止严重事故或停机的发生。

在线预测仿真（On-line Prediction Simulation）启动时，自动以固定时间差为周期，从共享内存中复制在线同步仿真的当前运行工况数据，对当前运行工况进行超实时计算。时间差由在线仿真控制站设定，范围为 15 分钟至 1 小时，具体受计算机的运行速度和容量控制。

核电厂在线仿真系统的状态预测功能，主要是通过跟踪系统安全关键参数，利用仿真系统自带的推演功能，将运行参数与核电厂设计安全参数限值进行对比，以此来实现事故预警和设备检测的目标。

5.2.4 核电厂在线仿真与推演应用场景

(1)在线仿真

在线仿真功能块分为六大板块，分别是蒸汽发生器低功率水位控制、DI 控制、反应性控制、电动/汽动主给水泵、误安注和蒸汽发生器传热管破裂(SGTR)。这六大功能模块，按照自上而下的顺序依次排列在“在线仿真”页面左侧的菜单栏中。页面右侧显示核反应堆一回路工艺流程图(包括一回路四大件以及相关的管道与阀门)。工艺流程图上能够显示设备运行时的主要参数。从“在线仿真”页面点击左侧的任一功能块，例如蒸汽发生器低功率水位控制，其下拉菜单有三项，从上至下依次为工况载入、数据初始化和运行。点击相应的功能块后，页面需要转换成与之对应的系统配置图，例如选择“蒸汽发生器低功率水位控制”，页面背景则显示蒸汽发生器给水系统(包含给水泵)和蒸汽发生器。点击“工况载入”，弹出一个选择窗口，窗口内部以表格形式列出了一些预先设定好的典型工况，或者可以从窗口中选择某一历史存储数据作为运行起始点，还可以选择从 KNS 平台直接引入某一时刻的数据作为系统的初始状态。工况载入的子菜单栏包括“手动”载入与“自动”载入，手动载入是由用户自行选择数据源或者系统内部已设定好的部分工况作为模拟计算起始点，自动载入是指系统从 KNS 平台采集数据进行计算。“自动”载入，可以人为设定载入时间间隔，例如 10 分钟采集一次或者 20 分钟采集一次。考虑到系统的复杂性，以及对计算结果的精度要求，建议所选取的时间间隔不超过一个小时。工况载入完毕之后，系统需要进行状态初始化，即稳态计算，以确定系统内部的某些关键参数在所选定的工况下的值。数据初始化的计算时间是由系统模型决定的。完成系统状态初始化后，就可以点击“运行”了。运行包括实时、欠实时和加速三种情况。实时运行可以使模型与实际机组保持同步；欠实时是指模型运算速度比实际情况慢，可用于事件的慢回放；加速的运算倍数可以自行设定，但倍数不能过大，否则会使结果不准确。建议加速运算的倍数不要超过 8 倍。运行页面显示该功能块所对应的系统和该系统的主要设备的动态参数。运行页面还可以另设小窗口显示指定参数的趋势线，结合系统的预警功能，能够显示参数的预测值。

(2)推演预警

在进行预警功能设计时，首先，需要将预警信号按照重要性进行分类，例如紧急停堆信号、安注信号、系统隔离信号等。并依据信号的重要性，设置不同颜色的信号报警灯。其次，根据监测的具体对象，例如水位、压力、反应性等，设置安全阈值。信号超出安全阈值，系统就发出警报。系统的预警信号灯按颜色不同排列在页面的上段。正常运行时，预警信号灯是静止的；出现故障时，根据故障的紧急性，相对应的信号灯会闪动，同时系统也会发出警报声。

预警功能可以应用于预演和在线仿真功能块中，也可以单独设立一级菜单。预警功能的下拉子菜单与在线仿真一样，需要进行数据载入、状态初始化和运行三个环节。唯一的不同之处在于，预警在运行时，没有“加速”和“欠实时”这两个选择项。

选定以下三个在线仿真预警应用进行研究：

1）给水调节控制预警；

2）轴向功率偏差 ΔI 控制预警；

3）反应性控制预警。

（3）给水调节控制预警

给水调节控制预警为蒸汽发生器高/低水位、蒸汽/给水流量失配、以及水位测量值/设定值之间偏差提供预警（预警设定值为用户设定）。当预警系统投用后，给水系统的仿真模型进入超实时运算模式，以 2/3/4 倍（可选）实时的速度计算水位与给水流量。仿真模型将预测到达预警信号发生的时间以及，在操纵员不干预下，到达高/低水位停堆的时间。（图 5-17 第 1 区）

在预警发生后，此预警系统将提示建议措施（图 5-17 第 2 区）：

一台 SG 出现水位异常预警，调节对应的给水阀；

三台 SG 同时水位异常预警，调节给水泵转速（APA 运行中）；（如果 APD 运行时则不予建议）

虚假水位 SG1/SG2/SG3 报警；（如果宽量程与窄量程水位趋势相反达设定时间）

监视宽量程水位；（窄量程已不可用或出现虚假水位报警）

大小阀切换预警；（在大小阀切换前预先提示操纵员）

以下的给水调节控制预警画面包括了以上描述的功能与报警，并加入了系统画面（图 5-17 第 3 区，含动态参数与设备状态显示）。

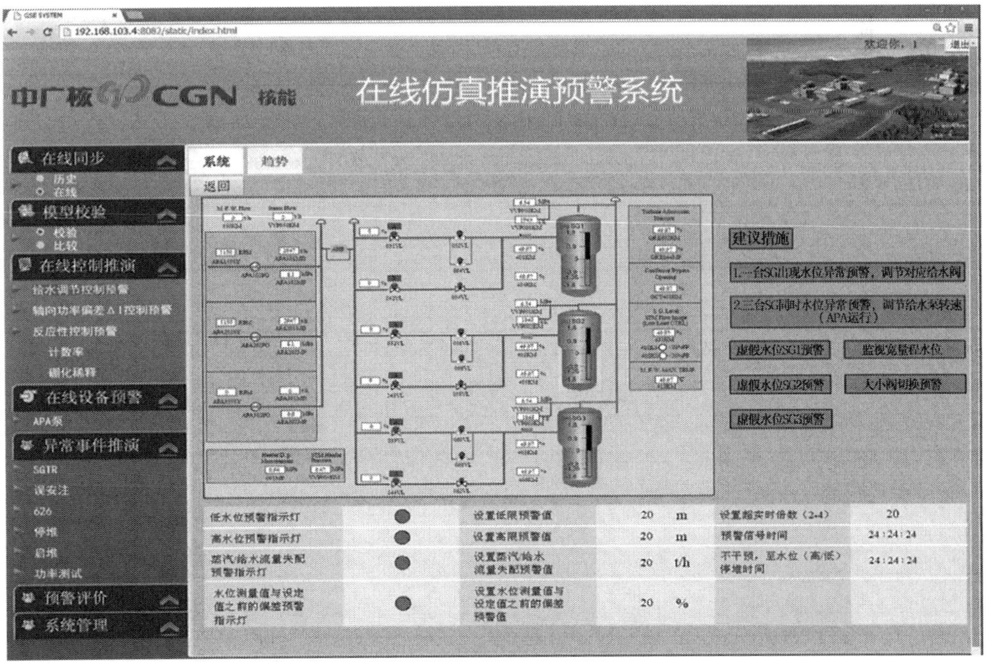

图 5-17　在线仿真系统给水调节预警

(4)轴向功率偏差 ΔI 控制预警

轴向功率偏差 ΔI 控制预警为轴向功率偏差 ΔI 提供预警(LSS 轴向功率偏差 ΔI 图中左限的预警设定值可为用户设定，右限为系统的 RPL 限值线)。当预警系统投用后，堆芯仿真模型进入超实时运算模式，以 2/3/4 倍(可选)实时的速度计算轴向功率偏差 ΔI 值。仿真模型将预测进入Ⅱ区(LSS 轴向功率偏差 ΔI 图中灰色区)发生的时间以及由Ⅱ区返回Ⅰ区(LSS 轴向功率偏差 ΔI 图中绿色区)的时间。另外当前的 ΔI 值、一回路平均温度、以及平均温度目标值也以数值显示。(图 5-18 第 1 区)。

在预警发生后，此预警系统将提示建议措施(图 5-18 第 2 区)：

1)*R* 棒调节：显示目前的 *R* 棒柱状图及 *R* 棒棒位使 ΔI 值回到Ⅰ区的目标值，当目标值不同于目前棒位，建议操纵员手动将 *R* 棒移动到目标值；

2)硼浓度调节：如果 *R* 棒已达到限值还无法将 ΔI 调回Ⅰ区，显示目前的硼浓度及硼浓度的目标值；

3)功率调节：如果 *R* 棒与硼在维持功率不变的状况下已无法将 ΔI 调回Ⅰ区，则只有降低功率，显示目前的功率棒棒位及功率棒棒位的目标值。

以下的轴向功率偏差 ΔI 控制预警画面包括了以上描述的功能与报警，并加入了 LSS 轴向功率偏差 ΔI 图(图 5-18 第 3 区，含动态 ΔI 显示)。

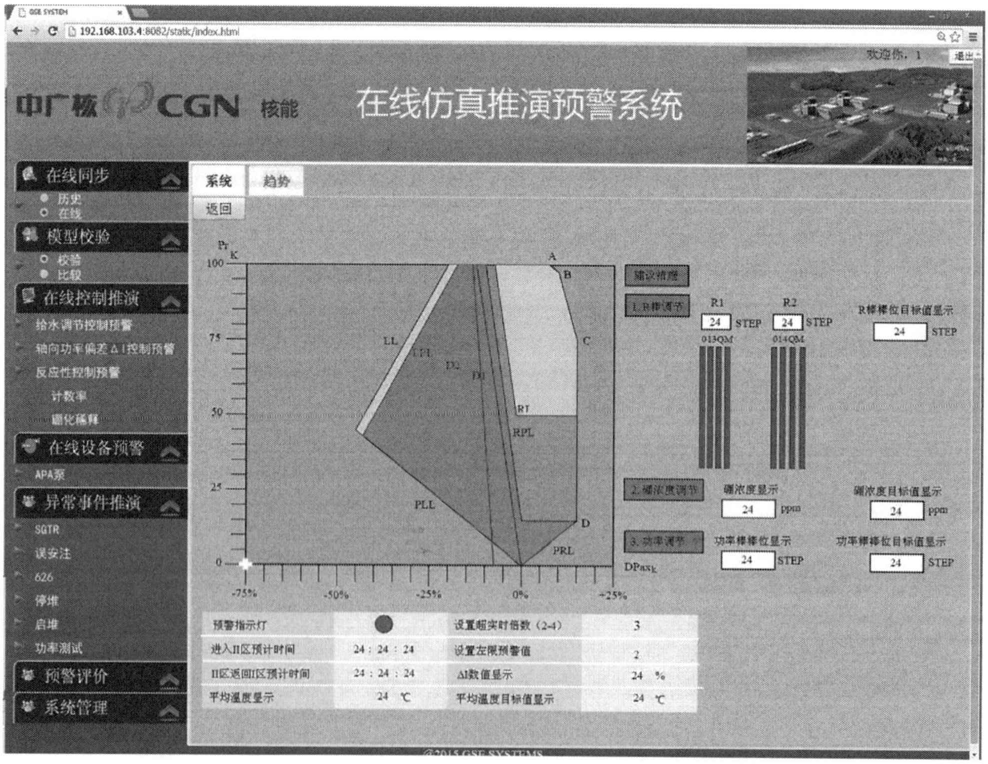

图 5-18　在线仿真系统轴向功率偏差 ΔI 控制预警

(5)反应性控制预警

反应性控制控制预警为反应性由次临界到临界前以及超临界时倍增时间过短提供预警(预警发生的反应性值及倍增时间可为用户设定)。当预警系统投用后，堆芯仿真模型进入超实时运算模式，以 2/3/4 倍(可选)实时的速度计算反应性。仿真模型将预测到达临界的时间以及临界后到达周期限值(18 秒)的时间(以避免停堆)。另外当前的倍增时间值以数值显示(图 5-19 第 1 区)。

在预警发生后，此预警系统将提示建议措施(图 5-19 第 2 区)：

1)功率棒调节：显示目前的功率棒棒位及功率棒棒位的目标值；

2)稀释/硼化调节：显示稀释和硼化的水容积或硼酸容积目标值。

以下的反应性控制控制预警画面包括了以上描述的功能与报警，并加入了反应性平衡图(图 5-19 第 3 区，含动态反应性显示)。

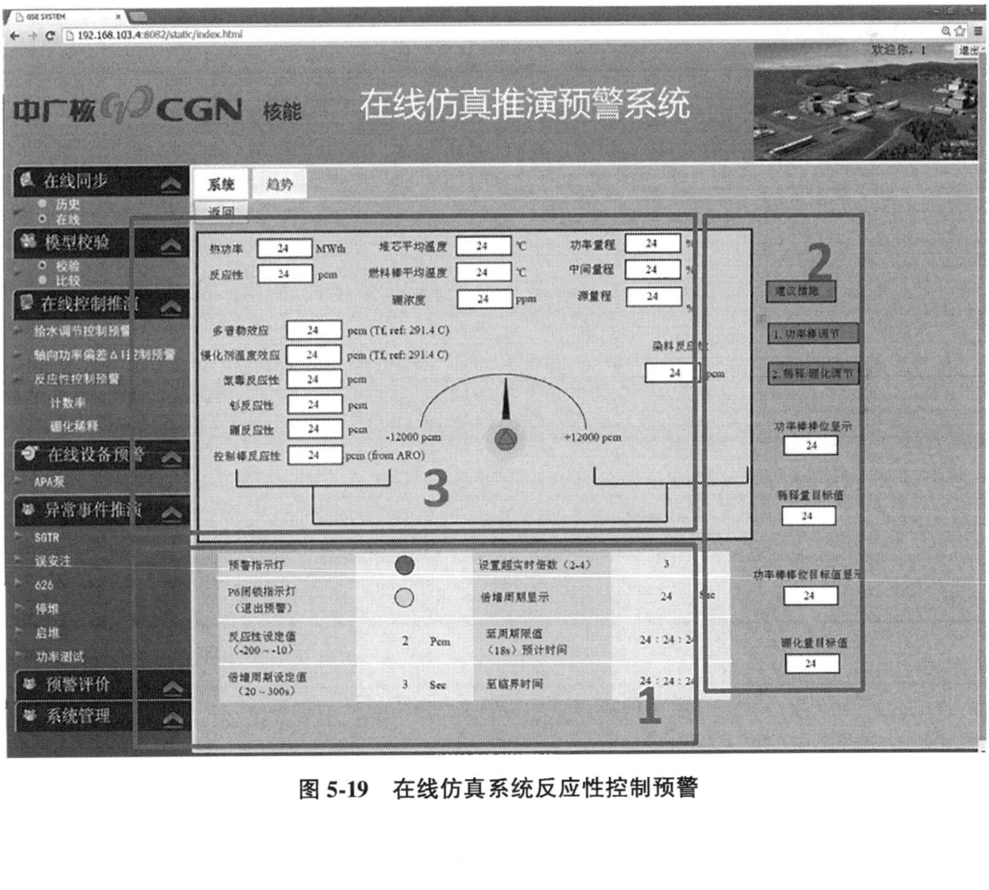

图 5-19　在线仿真系统反应性控制预警

(6)关键设备预警

如图 5-20 在线设备预警是通过在线设备性能数据与仿真模型的设备性能计算结果做比较。仿真模型的设备可视为不会耗损的理想设备，因此当现场设备的表现偏离仿真模型即意味着现场设备因耗损而出现性能退化。当偏差达到设定的报警值时，显示的比较结果将以红色显示。

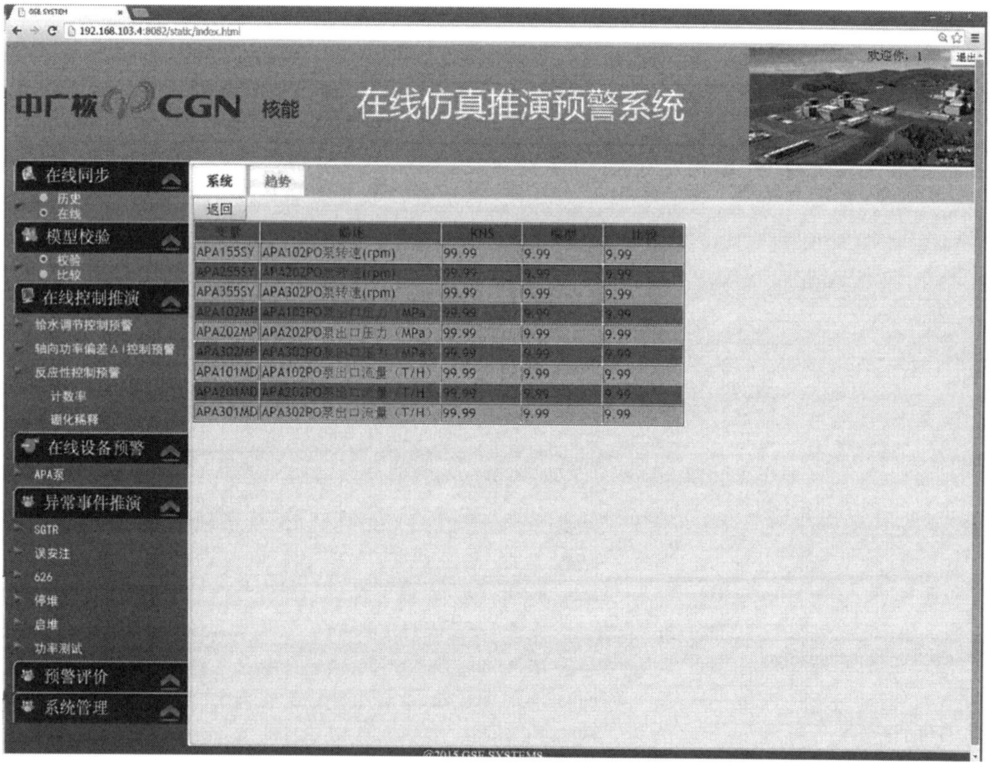

图 5-20　在线仿真关键设备参数

5.3　小结

从在线数据的收集与接入，进行在线数据与仿真数据的比较，经过仿真模型的自动调试，使仿真模型的计算结果与现场设备达成一致，再进而实现在线预警与系统事件分析，上述都基于一个基本的机理，就是仿真模型的基础是高精度的物理方程计算，可以实现真实世界的设备表现。而这个精度不但是表现在物理的量化上，也必须表现在时间的同步性上。如此才能使在线仿真结果的可信度达到可实际应用于核电厂。

在线仿真的推演方法则需与电厂的运营与安全结合，无论在线预警、系统事件分析或是在线设备监测，目的都是为了保障电厂的运营效能与安全。对电厂产生的实时与历史数据做智能化的应用，从这些数据中推演出对电厂运营与安全有帮助的提示与建议，从而优化操纵规程，提供与验证改善方案，成为智能电厂的基础系统之一。

参考文献

[1] Sagiroglu S, Sinanc D. Big data: A Review, Proc. of Collaboration Technologies and Systems (CTS). 2013, 42-47.

[2] Cameron D. Big Data in Exploration and Production: Silicon Snake-Oil, Magic Bullet, or Useful Tool. //SPE Intelligent Energy Conference & Exhibition. Society of Petroleum Engineers, 2014.

[3] Alam J. R., Sajid A., Talib R., et al. A Review on the Role of Big Data in Business, International Journal of Computer Science and Mobile Computering, 2014, 3(4): 446-453.

[4] 马建文，秦思娴. 数据同化算法研究现状综述，地球科学进展，2012，027(007)：747-757.

第 6 章

总结与展望

6.1　总结

人类文明社会的发展，伴随着大量的能源消耗。目前世界的能源消耗主要来自煤、石油、天然气，由于碳排放量高，对生态环境造成较大的影响。而太阳能、风能、潮汐能等再生能源对环境要求较大，而且电能输出不太稳定。核能是公认可大规模替代常规能源的低碳经济的现代能源。核能在生产和生活中主要的应用形式是核电。由于核燃料资源丰富，运输和储存方便，且核电厂具有单位电能含量大、发电成本低等优点，因而从 1954 年建成第一座核电厂以来，核能发电在全世界得到了很大的发展。

核电的发展离不开其安全性及经济性。在核电厂中，出于安全、控制等方面的考虑，存在大量的安全及运行系统和设备，并为这些系统和设备设置了大量、多样的监测及控制系统，这些系统需能根据核电厂设计准则有效地控制机组运行状态，控制机组主要参数在正常范围内，采取正确有效的措施缓解事件，在出现事故时能及时启动保护及专设系统。通过不同等级的控制和保护系统，最终保证相关系统和设备安全、可靠、经济地运行，达到提高核电厂整体安全性和经济性水平的目的。但由于核电厂的系统复杂性，这些系统控制参数之间的强耦合性，极易发生牵一发而动全身的情况，如果控制系统设计有问题，极可能导致核电机组不能正常运行或引发事故，对核电厂的安全性和经济性带来较大影响。如果保护系统和专设系统设计有问题，则会扩大事故，导致更严重的事故发生。为了保证系统的设计正确性，对核电机组主要系统的设计进行全面验证则成为必须。

通过工程仿真机验证发现的问题在单个专业设计过程中，根据纸质文件检查很难发现，基于仿真模型将各类功能动态实现操作，问题就很容易暴露出来；在机组调试、启动前尽早暴露并修正这些问题，在设计初始阶段将隐患消灭在萌芽中，对提升设计质量、加快工程工期以及保证机组安全运行有极大帮助。

对于工程仿真机模型存在的误差或建模错误的问题。仿真验证是一个综合判断的过程，在仿真机上测试发现的问题，验证人员会对结果进行分析，排查，判断是建模问题，操作或输入问题，还是设计问题。这需要和设计者一起分析，多次测试与复现，找到最终问题。但可能还有潜在的设计问题未被发现（错误模型+错误设计=正确的结果）。所以仿真验证是尽可能多的发现设计问题，但不是设计问题 100%能被发现，因此不能替代台架物理试验和调试试验，最终还需试验的确认。仿真验证与物理实验（真实数据）是相辅相成的，两者相互迭代，差异逐步逼近。仿真结果需要与物理实验数据对比，对仿真参数进行修正，反过来，仿真又能模拟出一些不适合物理实验的数据和场景，用于验证和优化设计。

核电机组的工程仿真机的特点使其在工程设计验证中发挥独有的价值与作用。为了满足各方面的验证的需求，工程仿真机达到了仿真精度、仿真范围和实时性上的平衡；相关专业的计算软件精度高，但范围小，而且不能完全实时。工程仿真机弥补了这一缺陷，可以模拟出核电机组运行的实时的、全工况的运行场景与参数，以极小的成本和试错代价，来为物理试验寻找合适的方案和参数区间；整个工程仿真机的建设与应用成本，可能不如一次物理实验成本高，而仿真机可以低成本的重复修改模型并进行仿真验证。工程仿真机以提前的进度，尽量发现隐藏的设计缺陷并修正，可缓解调试期间大量的设计问题导致的进度和成本压力，这也是全范围模拟机 FSS 无法做到的。

本书基于公司十几年相关科研成果和验证经验，通过对核电厂系统工程仿真机开发、系统一致性检查、工程仿真机验证等方面的内容进行总结和提炼，为核电机组全面开展设计验证提供支持。

本文的主要内容包括以下几方面：

(1)第一章首先介绍了核电仿真的背景、核电厂仿真技术与发展、核电厂仪控系统与技术发展的研究现状。

(2)第二章介绍了核电厂仿真建模技术，详细介绍了核电厂仿真机的使用平台，以及如何构建核电厂各系统的工艺模型、控制模型、电气模型、人机界面模型，并将上述模型有机结合起来的技术。

(3)第三章介绍了数字化仪控系统验证技术。包括国内外法规标准的要求、验证与确认的定义等，从设计原则、验证原则、验证流程、评估准则、验证人员、评价进度、验证方法、验证过程、评估阶段、纠正方案等方面系统介绍了仪控功能的验证技术。并介绍了软件的 V&V 技术。

(4)第四章介绍了核电数字化仪控系统集成测试技术。针对安全级数字化仪控系统，以平台技术为核心，建立集核电数字化仪控设计验证平台、核电仪控系统制造质量控制虚拟高保真测试平台、核电数字化仪控系统现场调试验证平台于一体的核电安全级数字化仪控综合验证系统，集成融合核电数字化仪控系统系统设计、制造和调试等阶段验证与测试技术。”

(5)第五章介绍了核电大数据同化与推演验证技术。结合了核电厂真实在线数据和工程仿真数据，经过仿真模型的自动调试使仿真模型的计算结果与现场设备达成一致，实现在线预警与系统事件分析，推演出对电厂机组运营与安全有益的提示与建议，从而优化操纵规程，提供与验证改善方案。

6.2　展望

仿真是自动化学科的一个重要分支。自动化科学与技术始终围绕着建模、控制与优化三个基本科学问题开展研究，核心技术基础是具有动态特性仿真与分析、预测、控制与优化决策功能的系统设计方法与实现技术。在核电领域，对于控制对象核电厂的动态系统仿真建模也是仪控专业重要基础，同时也为其他专业对于核电厂动态特性研究、分析、应用提供了服务。现有的仿真机功能主要在人员培训、设计验证、组态验证、数据分析等方面。虽然模型精度能满足要求，但依然是离线方式，随着核电厂日益发展的信息化、智能化、网络化，用户对机组数字化的要求也与日俱增，这要求仿真和建模技术也需同步发展。如在线仿真，数字孪生等概念的提出，将虚拟空间和真实空间连接，具体而言，就是使用高精度的多物理场、多尺度、多耦合的数字化模型将核电厂实体结合起来，将核电厂整体或部分的运行状态进行动态数字化展现，实现对物理实体的了解、分析和优化。充分利用物理模型、传感器更新、运行历史等数据，集成多学科、多物理量、多尺度的仿真过程，在虚拟空间中完成对物理实体的映射，从而反映物理实体的全生命周期过程。

结合目前人工智能、高性能计算、设备状态监测、堆芯分析等技术领域的发展，核电厂仿真与验证技术的发展需要关注以下几方面内容。

(1)仿真模型与物理实体相结合

上文提到的在线仿真和数字孪生就是仿真模型与物理实体相结合的技术。这个思路比较明晰，但是如何将仿真和实体的屏障打通，则是该项技术研究的难点。目前，包括美国CASL(轻水堆先进仿真联盟)、美国NEAMS(核能先进仿真与建模)、欧洲NURESIM(核能数值反应堆)在内的世界上在设计的民用核能数值计算模拟平台主要存在三大问题：第一，仿真模型处于离线状态，无法跟踪所模拟对象当前实际情况，以至于无法对所模拟对象当前实际特性和状态进行有效的描述、解释和引导，无法实现理论状态与实际状态的同化，更无法实现仿真模型对真实核电机组的引导。第二，因为数值计算的精度、范围问题，数值计算可信度较差，数值计算与物理实验的交互验证原则不清晰、数值计算的可信边界模糊，导致数值实验与物理实验相互孤立，无法实现精确计算。第三，现有数值计算当中，无法实现高精度与计算及时性的统一，既限制了计算结果的精度、又限制了应用前提与条件，从学术上评价没有充分利用复杂系统理论和平行理论、无法使精度与速度在更高的维度实现协调统一。如果解决了这三大问题，则仿真模型与物理实体真正结合才成为可能，所以这方面的研究需要进一步加强。

(2)多种系统和设备的仿真模型耦合技术

核电厂仿真软件细分为堆芯物理模型、工艺系统模型、电气模型、仪控模型、人机交互界面等，涉及不同专业，包括核物理、热工水力、设备、电气、仪控、人因工程、计算机等专业，核电厂系统和设备众多，之间的模型耦合技术也各有不同，细分为以下几种。

1)堆芯物理模型和热工水力模型的耦合；

2)复杂热工水力模型和相对简易热工水力模型的耦合；

3)热工水力模型和电气模型的耦合；

4)热工水力模型和仪控模型的耦合；

5)仪控模型和电气模型的耦合；

6)仪控模型和人机交互界面的耦合；

7)真实数据与仿真模型的耦合；

8)正常仿真机和严重事故仿真机的耦合；

9)其他功能的耦合。

这些系统模型和功能的耦合一方面考虑到与实际情况的一致性，也要考虑耦合的效果和实时性，不能遗漏，因为各个模型是用不同软件计算的，其计算周期也有所不同，如堆芯模型的计算量大，相对运算周期长，而电气和仪控模型逻辑性强，运算周期可以较短，模型和模型之间的耦合计算要保证一致，数据的完整性和运算边界也要保证，否则会出现计算不收敛，导致仿真效果偏差较大，这在进行大的瞬态计算中较为常见，严重将导致模型数据溢出。所以对不同类型模型间的耦合技术研究也比较重要。

(3)验证技术的提升

随着科技的发展，仿真验证技术也需要结合大数据分析、机器自主学习等高新科学技术进行提升。现在的验证技术主要还是依靠验证程序手工进行验证，花费时间较长，如果开发出软件进行自主验证，则可以大大节约验证时间，提升验证效率，使验证人员能够及早发现更深层次的问题，加强验证深度。其中开发验证软件的关键就是验证平台的自主化，只有掌握核心源代码，才能在软件平台架构及功能上进行深层次开发，才能与大数据分析、机器自主学习等技术相结合，真正做到验证技术的提升。

(4)验证专业人员的培养

核电工程设计验证需要高素质的专业技术人员完成。仿真验证是多学科、多系统、多方面的验证。涉及的专业包括核物理、热能工程、电气、仪表控制、人因工程、计算机编程、核电厂运行、仿真机工程、法律法规等等，其中每一方面都需要较强的专业能力。验证遇到的问题也是多方面的，有逻辑设计问题，系统之间信息连接问题，人机界面问题，验证测试程序问题，建模问题，甚至控制需求文件本身的问题等，要求验证人员需具备很强的发现问题、分析问题、解决问题的能力。这离不开核安全文化的三项要求：严谨的工作态度，质疑的工作作风和相互交流的工作习惯。培养一个合格的验证人员并不是一蹴而就的，需要验证人员静下心来，有板凳甘做十年冷的精神，潜心钻研各项专业，并且需要大量的实践，才能成为高水平的验证专业人员。

核电机组的仿真验证涉及的专业多，在核电领域拥有广阔的前景。在传统的验证技术和方法的基础上，研究新的验证技术。在开发算法、物理建模、控制研发、综合应用、大数据处理、人因工程以及数字孪生方面都有深入及宽广的研究方向。信息时代的核电机组仿真验证必将发挥更大的作用，为我国核电事业保驾护航。

参考文献

[1] 谢红云，骆劲斌，颜振宇，等. 核电厂给水流量控制系统在线仿真技术研究. 原子能科学技术. 2014(S2)，980-984.

[2] 张冰，李欣，万欣欣. 从数字孪生到数字工程建模仿真迈入新时代. 系统仿真学报. 2019(3)：369-376.

[3] 戴晟，赵罡，于勇，等. 数字化产品定义发展趋势：从样机到孪生. 计算机辅助设计与图形学学报. 2018，30(8)：1554-1562.

[4] 王鸿庆，杨雨辰. 工业 4.0 术语：Digital Twin 数字孪生. 2016.